ÉTUDE CRITIQUE

SUR QUELQUES POINTS

DE LA PHYSIOLOGIE

DU SOMMEIL

PARIS. — IMP. SIMON RAÇON ET COMP., RUE D'ERFURTH, 1.

ÉTUDE CRITIQUE

SUR QUELQUES POINTS

DE LA PHYSIOLOGIE

DU SOMMEIL

PAR

J.-B. LANGLET

PARIS

LOUIS LECLERC, LIBRAIRE

14, RUE DE L'ÉCOLE-DE-MÉDECINE, 14

1872

INTRODUCTION

Le sommeil est un de ces sujets délicats qui ont souvent at·
tiré l'attention des observateurs, des philosophes aussi bien
que des physiologistes. Beaucoup de théories sont sorties de
ces recherches; mais trop souvent elles sont venues avant
d'être justifiées par les faits.

Néanmoins, et contrairement à ce que l'on pourrait penser,
les philosophes, habitués à s'observer eux-mêmes, sont peut-
être ceux qui ont fourni le plus de matériaux à l'étude du
sommeil. Ils y ont en effet apporté une analyse minutieuse qui
a fait connaître un grand nombre de faits utiles sur le jeu des
fonctions cérébrales, les sensations pendant la veille, les hallucinations hypnagogiques, les rêves et les phénomènes du
réveil. Tout cela a été approfondi par eux d'une façon remarquable; mais malheureusement ils ont été souvent arrêtés sur
leur chemin par un mot qui était à lui seul toute une explication et toute une théorie.

Parmi ces auteurs, un des plus distingués et des plus fins,

Jouffroy[1], nous en donne un exemple curieux. Après avoir étudié l'influence de l'habitude sur la perception des sensations, il dit : « Lorsque les sensations sont intéressantes pour l'âme, elle s'y applique et s'accoutume à les démêler ; lorsqu'elles ne le sont pas, elle s'accoutume à les négliger et ne les démêle pas. Voilà tout le mystère ! » Évidemment il est satisfait de ce qu'il vient de découvrir ; mais il est conduit un peu plus loin en appliquant cette théorie de la sélection des sensations à l'analyse de ce qui se passe au moment du réveil, à tourner dans ce cercle remarquablement vicieux : « Si l'âme est inquiétée par les sensations qui lui arrivent, elle a besoin des sens pour en trouver la cause et se tirer d'inquiétude ; elle est donc obligée de les réveiller. »

Je ne parlerai pas plus longtemps de ce côté de la question ; je n'ai voulu en dire un mot que pour montrer le procédé, qui consiste, ayant une théorie préconçue, à y adapter les faits et les observations.

Ce procédé, les physiologistes n'ont pas été p'us habiles à l'éviter. Cependant, parlant au nom de la science positive, ils étaient tenus à plus de prudence ; eux aussi auraient dû souvent s'abstenir de donner des explications quand même, alors qu'ils ne pouvaient rien expliquer.

Les uns, selon les théories régnantes, ont fait du sommeil « une fonction du principe vital alternative avec la veille, » (Barthez, 1806), une variété du coma (*Théorie de la compression*), une syncope (Fleming, *Théorie de l'anémie*) ; enfin une attaque quotidienne d'épilepsie (Brown-Séquard).

D'autres, moins hardis, se sont contentés de faire des comparaisons : suivant l'idée que l'on se faisait des fonctions du corps humain et du système nerveux en particulier, la nature du sommeil voyait changer ses termes de comparaison. Tantôt, en effet, le cerveau étant une glande chargée « de sécréter

---

[1] *Mélanges philosophiques. — Du sommeil.*

la puissance sensoriale » (Érasme Darwin) [1], le sommeil correspondait à une diminution de la sécrétion ; tantôt c'était une horloge qui ne marchait pas pendant qu'on en remontait les poids (Durham) ; puis une machine dont les feux sont éteints et que les ouvriers vont réparer (Hammond) ; enfin une pile qui s'épuise pendant la veille et se charge pendant le sommeil (Luys). Disons-le, toutes ces comparaisons ne sont pas également défectueuses, et cette dernière nous semblerait assez ingénieuse si l'auteur, qui la trouvait commode lorsqu'il s'agissait d'expliquer la suspension des phénomènes nerveux, ne lui préférait pas en d'autres endroits la comparaison avec une glande, lorsque, pour appuyer la théorie de l'anémie, il rappelle les expériences de Claude Bernard sur les glandes salivaires.

Du reste, cet auteur a droit à une mention spéciale, et je ne puis résister au désir de rappeler un passage d'un livre sur l'anatomie et la physiologie du système nerveux [2], qui a fait quelque bruit lors de son apparition. C'est à propos du bâillement que l'auteur donne du passage de la veille au sommeil l'explication (?) qui suit : « Tout le monde sait que le bâillement est le signe prémonitoire qui indique que les conditions d'activité fonctionnelle diurne du système nerveux *ont cessé d'être ce qu'elles étaient précédemment*. Qu'est-ce, en effet, que le bâillement, si ce n'est une inspiration involontaire, indiquant par elle-même que l'innervation de la sphère de l'activité automatique acquiert à la région bulbaire une influence prépondérante par suite de la rétrocession de l'influx cérébral, et qu'il se passe en ce point limité de l'axe spinal *une sorte d'interrègne et de perturbation du stimulus incitateur?* »

Cabanis avait bien raison de dire : « On peut être bien sûr que l'homme n'a jamais un besoin véritable de franchir les

----

[1] *Zoonomie*, t. 1er.
[2] Luys, *Recherches sur le système nerveux cérébro-spinal*, 1865.

bornes prescrites à ses facultés. Ce qu'il ne peut apprendre lui est inutile.

Pour moi, je ne veux pas engager la lutte avec les médecins de Molière, je me déclare d'avance vaincu par leurs phrases. Mon but est plus humble, d'ailleurs ; je me contenterai de rester sur le terrain des faits, afin de discuter en particulier une des dernières théories, celle qui a eu le plus de succès, je veux parler de la théorie de l'anémie cérébrale considérée comme cause du sommeil. Née de l'expérimentation, elle a succédé complétement à la théorie de la congestion qui long-temps seule avait tenu la place.

Durham (1860) et Hammond (1866), chacun de son côté, par des expériences devenues célèbres, crurent avoir démon-tré que, pour le cerveau, l'anémie correspondait à la période de repos aussi bien que la congestion correspondait à la pé-riode d'activité de l'organe.

Introduite en France par M. Guéneau de Mussy (1866)[1], Regnard (1868)[2], elle a eu dernièrement les honneurs d'un article de M. Claude Bernard dans la *Revue des Deux Mondes* (1872). Le grand physiologiste du Collége de France accepte l'opinion de Durham ; mais je ne sais pas s'il a répété les ex-périences de cet auteur, ou s'il donne simplement ces faits comme reconnus exacts par d'autres. Je regrette vivement cette lacune dans ce qui a été publié d'un cours de M. Bernard sur ce sujet[3]. Le détail de ses expériences m'aurait certaine-ment éclairé sur ce point et aurait peut-être modifié les con-clusions que je tire de cette étude.

Voici quel sera mon plan : rechercher, parmi les expé-riences diverses, ce qui vient à l'appui de la théorie de l'ané-mie, ce qui la combat ; voir s'il suffit d'ouvrir une calotte crâ-

---

[1] *Union médicale.* — Leçon sur l'insomnie, recueillie par Ch. Fernet. 1865.

[2] Thèse de Strasbourg, 1868.

[3] *Revue des cours scientifiques*, 1869.

nienne et de mesurer les vaisseaux que l'on trouve à la surface de l'encéphale pour déterminer s'il y a congestion ou anémie.

A côté de ces moyens directs, rechercher s'il n'y a pas des moyens indirects de juger quel est l'état de la circulation cérébrale, et discuter la valeur des signes que l'on peut tirer de l'examen des pupilles et du globe oculaire.

Puis dans les états pathologiques qui se rattachent nettement à la congestion ou à l'anémie, voir si le sommeil ou l'insomnie se rencontrent fréquemment.

Enfin rapporter quelques faits qui, sans relations bien visibles, au premier abord, avec notre sujet, nous semblent cependant pouvoir lui être joints par un côté, celui de la nutrition du cerveau pendant le sommeil.

Je dois, avant de commencer, remercier ici mon très-cher maître, M. le professeur Gübler, de la bonté qu'il m'a toujours témoignée, et l'assurer de toute ma reconnaissance; c'est pendant les deux années d'internat que j'ai passées dans son service à l'hôpital Beaujon, que j'ai recueilli les faits dont je me suis servi dans ce travail. C'est à lui que je dois la connaissance des signes remarqués du côté de la pupille; c'est à lui que je dois d'avoir eu l'idée de ces recherches, et si je n'ai pas réussi, c'est à la mise en œuvre seule qu'il faudra le reprocher.

ÉTUDE CRITIQUE

SUR QUELQUES POINTS

DE LA PHYSIOLOGIE

DU SOMMEIL

CHAPITRE PREMIER

DES EXPÉRIENCES FAITES DANS LE BUT D'ÉTUDIER DIRECTEMENT L'ANÉMIE ET LA CONGESTION CÉRÉBRALE.

Il est difficile de parler de congestion et d'anémie cérébrale sans revenir sur ce point tant de fois débattu. La quantité de sang contenue dans le cerveau peut-elle être modifiée ? Nous ne discuterons pas à fond cette question, nous en toucherons cependant quelques mots à propos des divers procédés et des appareils variés employés pour faire l'examen de la circulation cérébrale. Il nous est nécessaire, en effet, de savoir par quelles circonstances elle est modifiée, quel est sur elle l'effet de la respiration, des battements du cœur ; quelle part revient, dans les battements du cerveau, aux mouvements du liquide céphalo-rachidien ; quelle part à l'expansion de la masse cérébrale sous l'influence de l'afflux sanguin, si toutefois il est possible de faire cette distinction ? Quel est enfin l'effet des médicaments sur la circulation du sang dans le cerveau, d'après les expériences qui ont été publiées à ce sujet.

Et d'abord, on ouvrait simplement le crâne avec une tréphine ou par le grattage, et on regardait ce qui se passait. C'est alors qu'on

1

a constaté que le cerveau présentait, lorsqu'il était privé de son enveloppe osseuse, deux espèces de mouvements, les uns isochrones à ceux de la respiration, les autres correspondant à la circulation. Tout le monde a pu constater ces phénomènes ; et comme on les retrouvait chez l'enfant dont les fontanelles n'étaient pas encore comblées, on en a conclu que le cerveau possédait ces deux mouvements d'une façon constante et régulière ; l'un fut le pouls cérébral, l'autre fut attribué au flux et au reflux du liquide céphalo-rachidien dans la cavité crânienne, provoqués par la distension et le relâchement des sinus veineux du rachis (Magendie, 1838[1]). L'année suivante, Bourgougnon[2] inventa un instrument qu'il nomma encéphalokinoscope, au moyen duquel il fit des expériences très-bien conduites d'ailleurs, dont il tira la conclusion que les mouvements observés, lorsque la boîte crânienne était ouverte, et l'encéphale soumis directement à la pression atmosphérique, disparaissaient du moment où cette influence était supprimée. Les conclusions de cette thèse étant encore discutées, admises par les uns (Longet), niées par les autres (Richet), nous devons nous y arrêter un peu.

Voici quel était l'appareil de Bourgougnon : un tube de verre présentant à sa partie inférieure une vis métallique était adapté dans un orifice circulaire de diamètre correspondant pratiqué au crâne au moyen du trépan. Dans ce tube on mettait une colonne d'eau qui pouvait être interrompue dans sa partie moyenne par un robinet. A l'extrémité inférieure se trouvait une petite tige métallique articulée, à angle droit, avec une plaque qui pouvait reposer sur la dure-mère ou sur le cerveau, à volonté, de telle sorte, qu'on apercevait la tige verticale oscillant dans le liquide et indiquant les mouvements du corps avec lequel elle était en contact. Le niveau du liquide dans le tube indiquait, lui aussi, la même chose lorsque le robinet n'était pas fermé.

Dans la première de ses expériences, qui est faite avec grand soin et dont tous les détails sont minutieusement rapportés, le levier portait sur la dure-mère ; les mouvements apparents, lorsque le robinet était ouvert, c'est-à-dire lorsque la pression atmosphérique agissait, disparurent aussitôt que le robinet fut fermé ; mais il n'en pouvait pas être autrement ; la dure-mère en effet fermait la paroi inférieure du tube, le liquide étant incompressible et la paroi supérieure fixe et immobile.

[1] Leçons faites au Collége de France.
[2] Bourgougnon, Thèses de Paris, 1859.

Mais cette expérience, qui ne prouve que cela, comme l'a fort bien fait remarquer M. Richet[1], ne prouve pas du tout que le cerveau ne possède pas de mouvements d'expansion dans une cavité ainsi fermée. Aussi Bourgougnon, sentant probablement lui-même l'insuffisance de cette preuve, fit une autre expérience dans laquelle les conditions étant les mêmes, sauf pour la dure-mère, qui était ouverte, le levier reposait immédiatement sur une circonvolution cérébrale. Les résultats furent identiques. Cette expérience a, nous devons le dire, une toute autre portée que la première, quoique, à nos yeux, elle ne soit pas non plus démonstrative. M. Richet ne l'a pas réfutée. En effet, il ne parle pas des oscillations de la tige métallique, dont la plaque inférieure repose sur le cerveau. Ses objections ne s'adressent qu'aux mouvements du liquide dans le tube. Or il est parfaitement certain que le liquide n'a pas pu éprouver de variations, puisque son niveau supérieur est terminé par un plan solide. En est-il de même de la tige déjà décrite que rien n'empêche à la rigueur de se mouvoir dans un liquide immobile? et si le cerveau a des mouvements d'expansion dans un crâne fermé de la sorte, comment se fait-il que ces mouvements ne soient pas traduits par les oscillations de la tige.

Nous pensons qu'il faut attribuer ce résultat à une difficulté expérimentale. En effet, quand on ouvre un crâne au moyen du trépan, sans enlever la dure-mère, on voit par transparence la substance cérébrale, qui en est séparée par une couche liquide, peu considérable, il est vrai, mais dont les variations rendent la réalité appréciable. Quand la dure-mère est enlevée, par le fait seul de l'augmentation de pression intérieure, et l'écoulement d'un peu de liquide, la face supérieure du cerveau vient s'appliquer contre l'ouverture artificielle et remplacer tout simplement la dure-mère dans son rôle d'obturateur. Il en est de même lors de l'application du tube de Bourgougnon. Le cerveau s'applique contre l'anneau métallique, et quand des différences de pression intra-cérébrale se manifestent, ce n'est pas au niveau du tube qu'on pourra constater les oscillations qui en sont le signe, mais partout ailleurs. En effet, dans le reste du crâne, l'encéphale a conservé ses rapports normaux avec la paroi ; c'est-à-dire qu'il en est séparé par une légère couche de liquide. Ici, au contraire, l'intervalle entre la paroi et le viscère est nul. Le liquide céphalo-rachidien ne circule plus sous l'arachnoïde ; il n'y aura plus

---

[1] *Traité d'anatomie médico-chirurgicale*

de mouvements possibles dans l'intérieur du tube, dont les deux extrémités sont fixes.

C'est à la même difficulté expérimentale, pensons-nous, que se sont heurtés Donders, Ehrmann dans leurs expériences si intéressantes sur la congestion et sur l'anémie cérébrale. Voici comment Ehrmann [1] a opéré, et c'est ainsi qu'il faudra faire chaque fois qu'on répétera des expériences de ce genre, malgré les causes d'erreurs qui en sont inséparables. Il place, au lieu de la portion de voûte crânienne enlevée « une virole en laiton fermée à son extrémité inférieure par un diaphragme de verre légèrement concave vers en bas et très-exactement rivé dans ses parois. Un pas de vis est conduit tout autour de sa surface extérieure dans une hauteur de 5 à 6 millimètres. »

C'est le procédé de Donders perfectionné, eh bien, avec toutes ces précautions (et nous avons eu les mêmes résultats dans les expériences que nous avons faites). « Le cerveau presse directement contre la plaque de verre ; aucun mouvement ne s'observe ni pendant l'acte respiratoire, ni pendant les pulsations du cœur. » C'est-à-dire que le cerveau ainsi appliqué contre cette paroi artificielle lui reste adhérent, sans aucun intermédiaire liquide entre l'arachnoïde et la pie-mère. L'introduction de quelques gouttes d'eau sous le diaphragme de verre ne suffit pas à parer à cet inconvénient ; ainsi, dans ces conditions, à supposer même qu'il reste une goutte d'eau entre lui et le cerveau, celui-ci n'en est pas moins accolé à l'anneau périphérique et on se retrouve dans les conditions du tube de Bourgougnon. Cependant il est certain que des mouvements s'exécutent et la preuve en est dans les modifications de volume des vaisseaux qu'a pu le premier observer Donders. « Avec une loupe micrométrique, il a pu voir, pendant une forte expiration, deux vaisseaux mesurant l'un 0,0 $4^{m/m}$ l'autre, 0,07 se dilater jusqu'à 0,14 pour le premier et 0,16 pour le second, tandis que durant une hémorrhagie abondante, trois vaisseaux de 0,46, 0,41, 0, 18 $^{m/m}$ se resserraient jusqu'à 0,38, 0, 25, 0,14 [2]. » D'autres parmi lesquels Kussmaul et Tenner ont pu aussi constater ces faits ; j'ai pu moi-même parfaitement voir cette variation de volume des vaisseaux du cerveau pendant une syncope en particulier ; et cependant le cerveau n'avait par quitté la plaque de verre hermétiquement appliquée selon les ndications d'Ehrmann.

[1] Thèses de Strasbourg, 1858.
[2] Donders, cité par Ehrmann.

Il faut bien incontestablement que ces différences de volume des vaisseaux se manifestent en un mouvement, réparti d'ailleurs sur une grande surface, au lieu que lors d'une trépanation il se concentre tout entier en un point, là où existe la moindre pression, les expériences faites sur la colonne vertébrale et les variations du liquide céphalo-rachidien, dans les mouvements d'inspiration et d'expiration, indiquent trop bien la nécessité d'un mouvement compensateur dans les centres nerveux, pour que nous y insistions plus longtemps. Du reste, sans parler des enfants chez lesquels on pourrait supposer que les mouvements s'arrêtent lors de l'accroissement en volume de l'encéphale, on a retrouvé le même phénomène chez des individus qui, ayant perdu depuis longtemps une partie du crâne, ne paraissent, après guérison, éprouver aucun inconvénient de ces battements du cerveau. M. Richet en cite un exemple remarquable ; on en citerait d'autres sans doute.

Ce point étant considéré comme acquis, il faut voir si on a pu tirer quelques renseignements de ces variations de volume de la masse encéphalique et des changements de quantité du liquide céphalo-rachidien, en un mot de la tension intra-crânienne, pour l'étude de l'état du cerveau pendant le sommeil.

Hammond et Weir Mitchell ont fait faire un instrument qu'ils ont appelé céphalo-hémomètre, et qui n'est autre qu'un manomètre à air libre dont l'extrémité inférieure fermée par une mince lame de caoutchouc repose à la surface de l'encéphale. John Faure [1], dans son excellente thèse sur le chloral, après avoir donné la description de cet appareil, dit, d'après ces auteurs, que « toute augmentation de la quantité de sang circulant à travers le cerveau fait soulever la dure-mère qui exerce une pression plus grande sur la membrane en caoutchouc et fait monter le liquide dans le tube, et, inversement qu'une diminution fait baisser le niveau.

Hammond et Weir Mitchell se trompent ; en effet la dure-mère ne traduit qu'une pression dont l'origine est mixte, et composée de la tension du sang dans le cerveau et de la tension du sang dans les sinus du rachis. Cependant nous pensons qu'on pourrait tirer quelques indications de cette méthode. Il est regrettable que les auteurs n'y aient pas adapté quelque appareil graphique.

Nous avons cherché à appliquer le sphygmographe à l'examen de la circulation cérébrale et nous avons pris un grand nombre d'ob-

---

[1] Paris, 1870.

servations sur ce point. Nous ne pensons pas que cela ait déjà été fait. Les résultats que nous avons obtenus n'ont pas une grande importance, et c'est surtout à titre de curiosité que nous les reproduisons [1].

Nous avons d'abord modifié un peu le sphygmographe de Marey. Pour pouvoir l'appliquer sur le crâne d'enfants dont les fontanelles ne sont pas encore soudées ; il a fallu élargir un peu les ailettes de façon à les appliquer sur une large surface. Nous avons aussi diminué un peu la force du ressort pour essayer de ne reproduire que les mouvements les plus superficiels si nous le désirions. Nous ne pensons pas être arrivés à ce résultat, et il nous semble que toujours le ressort a dû presser assez fortement sur la fontanelle pour la déprimer un peu et, en écartant le liquide céphalo-rachidien, venir prendre point d'appui à la surface de l'encéphale. Enfin il nous a fallu une certaine patience pour arriver à fixer des enfants pendant le temps que dure la course du chariot sphymographique qui cependant n'est pas bien longue. Nous n'avons pas pu prendre de tracés pendant le sommeil sans les réveiller avant la fin de l'opération.

Voici comment nous classerons les enfants que nous avons observés au point de vue qui nous occupe. 1° Enfants dont la respiration calme et tranquille n'a pas subi de modifications, sous l'influence des mouvements nécessités par l'application de l'appareil. 2° Enfants dont la respiration était un peu accélérée ainsi que la circulation. 3° Enfin, ceux qui pleuraient ou criaient.

Chez les premiers, nous avons recueilli seulement les tracés de la circulation. Il n'y a absolument aucune différence entre eux à cet égard, si ce n'est une amplitude un peu plus ou un peu moins grande de l'oscillation ; mais on n'y voit aucune trace de modifi-

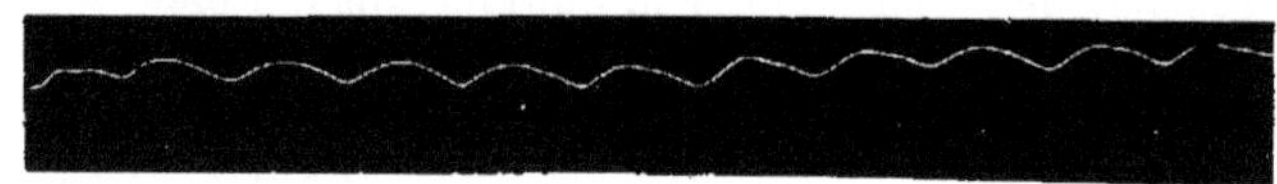

Fig. 1.

cations dues à la respiration. La ligne des sommets et la ligne des bases est à peu près parfaitement horizontale. C'est ce que l'on peut constater en particulier dans la figure 1.

[1] C'est à l'hospice des Enfants-assistés, dans le magnifique service de M. Parrot, dont nous sommes heureux d'être interne, que nous avons pris ces observations.

Dans la figure 2, reproduisant un tracé pris sur un enfant de un an dont la respiration était parfaitement calme.

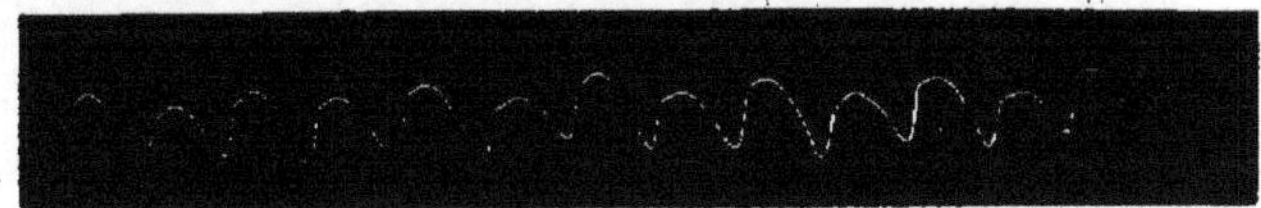

Fig. 2.

Dans la figure 3, prise sur un enfant de deux ans dans les mêmes conditions.

Fig. 3.

Chez un hydrocéphale de quatre ans, j'ai obtenu un tracé qui avait exactement la même forme et la même apparence ; je l'ai pris aussi pendant le calme et pendant la veille (fig. 4).

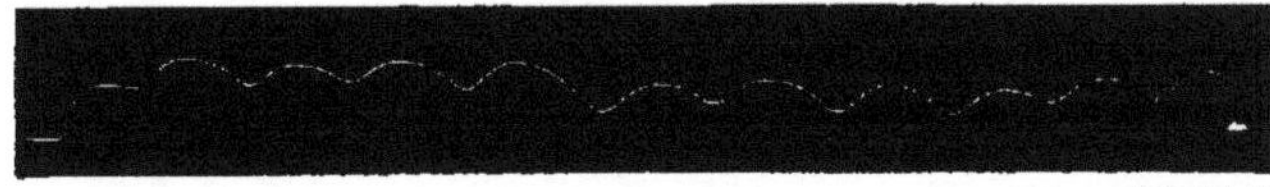

Fig. 4.

Les figures 5 et 6, nous présentent déjà de légères modifications et nous rapprochent de la deuxième série d'enfants chez lesquels

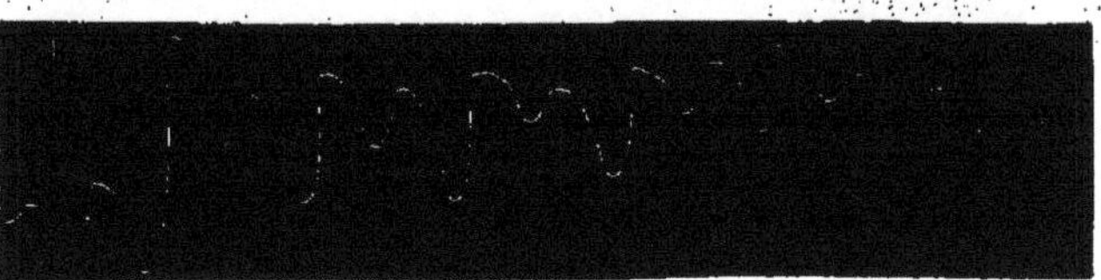

Fig. 5.

nous avons trouvé une ondulation respiratoire. Leur respiration était accélérée et leur pouls fréquent, comme on peut le voir (fig. 7

et 8), mais ils ne criaient pas. Cette ondulation respiratoire n'est

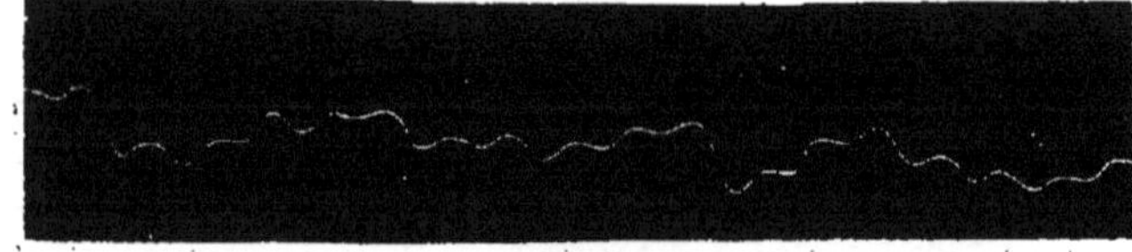

Fig. 6.

pas d'ailleurs beaucoup plus prononcée que celle qui s'observe dans

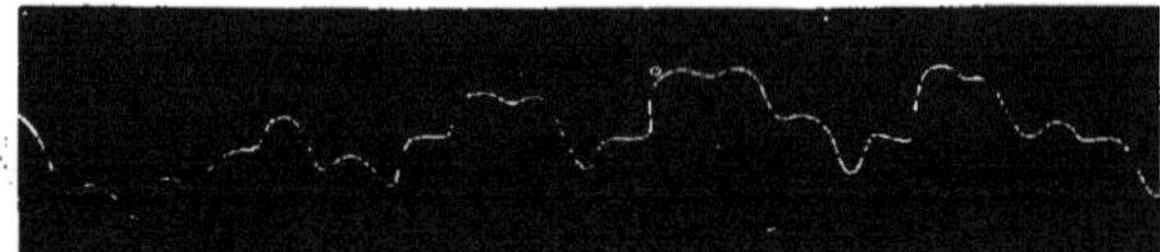

Fig. 7.

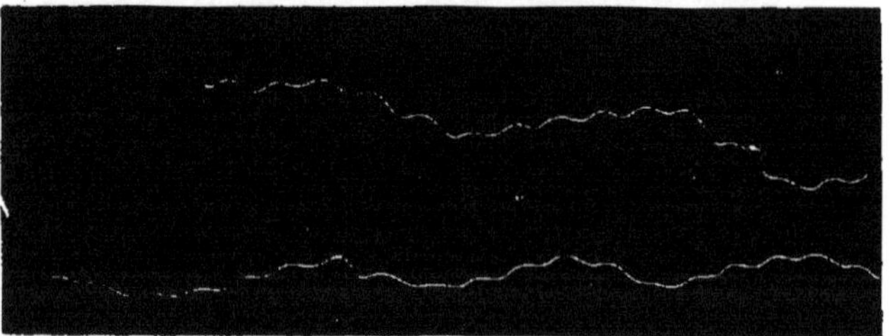

Fig. 8.

un grand nombre de cas à la radiale lorsque la respiration est un peu gênée, et probablement par le même moyen.

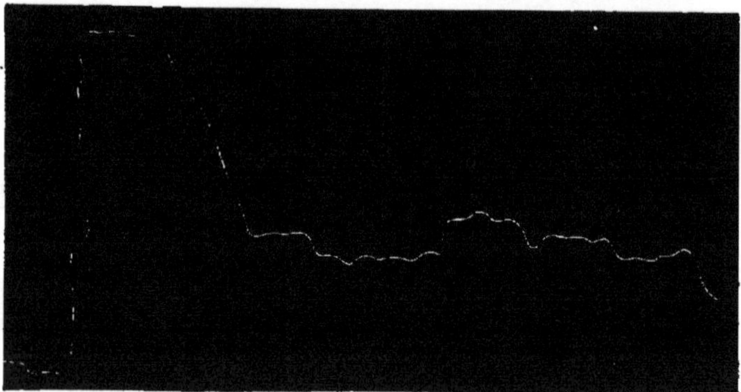

Fig. 9.

Enfin la figure 9 nous reproduit le tracé d'un enfant qui pous-

sait un cri continu pendant la première partie du tracé et qui resta
a peu près calme dans la seconde moitié.

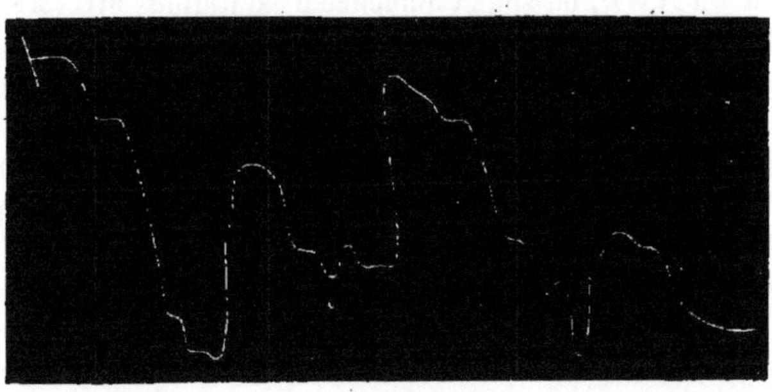

Fig. 10.

Au contraire, dans la figure 10 nous voyons un tracé pris pendant
des cris continuels. Ces tracés laissent à peine voir les pulsations ;
quelques oscillations cependant se remarquent dans la descente et
sont la trace du mouvement circulatoire.

Ainsi, dans les premiers de ces tracés, tous pris pendant la veille,
(il nous eût été difficile, malgré notre désir, d'en prendre pendant
le sommeil, en raison de la facilité qu'ont les enfants à se réveiller au moindre contact), l'influence de la respiration ne se fait
même pas sentir. Dans les derniers, au contraire, c'est elle seule qui
est perçue par l'instrument.

Cela nous indique, il nous semble, une chose, c'est qu'il faudra
nous méfier des expériences dans lesquelles le gonflement de la substance cérébrale est considérable et rechercher souvent, si on ne
devrait pas l'attribuer seulement à la gêne de la respiration, bien
plutôt qu'à l'action de toute autre cause. Nous aurons occasion de
revenir sur ce point et d'appliquer ce que nous venons de dire.

Maintenant dans nos tracés qui n'indiquent qu'une résultante,
quelle est la part à faire à l'augmentation de volume due à la pulsation du cerveau ? Quelle est la part à donner à l'augmentation de
de tension du liquide céphalo-rachidien par distension des plexus
rachidiens ? Rien absolument ne peut nous l'indiquer ; mais nous
pensons pouvoir dire que la part de cette dernière doit être assez
faible dans les cas de respiration calme, et que c'est dans les cris
qu'elle est le plus considérable ; en effet, il semble que ce soit, dans
ces cas, la tension veineuse qui augmente le plus.

Aussi il ne suffira pas de comparer, et c'est ce que l'on a trop souvent fait, l'état du cerveau pendant le sommeil où la respiration est absolument calme, à l'état du cerveau à un moment de la veille où la respiration est plus ou moins agitée, comme, par exemple, au moment du réveil, ou sous l'influence d'excitations diverses.

Entrons maintenant dans l'examen des observations, et des expériences qui ont servi à créer la nouvelle théorie du sommeil ; on a cité, pour servir à l'histoire de la circulation cérébrale, un certain nombre d'observations d'individus ayant perdu par traumatisme une partie de leur enveloppe osseuse. Nous allons les rapporter et nous verrons ce qu'il faut en penser. Durham cite deux exemples d'après Caldwell et Blumenbach.

« La femme de Montpellier, dont le cas est rapporté par Caldwell avait perdu une partie de son crâne, le cerveau et ses membranes étant à nu ; quand elle était dans un profond et entier sommeil, le cerveau paraissait dans le crâne presque sans mouvement ; quand elle rêvait, il s'élevait ; et quand ses rêves (qu'elle racontait en s'éveillant) étaient actifs et intéressants, le cerveau faisait saillie hors de l'ouverture crânienne.

« Blumenbach témoigne aussi d'une abaissement du cerveau pendant le sommeil, et d'un gonflement par le sang quand la patiente s'éveillait. »

Ces deux observations ne prouvent absolument qu'une chose, c'est la respiration un peu plus fréquente ou gênée sous l'influence du rêve ou des mouvements du réveil. La comparaison aurait dû être faite avec un moment de la veille où le calme eût été complet.

Hammond[2] raconte ceci :

En 1854, un homme fut soigné par moi, à la suite d'un accident de chemin de fer, par lequel il avait perdu environ 18 pouces carrés de son crâne. Il y avait une perte de substance de 3 pouces de large sur 6 de long. La portion enlevée était une grande partie du pariétal gauche et une partie du frontal, de l'occipital et du pariétal droit. Cet homme était sujet à de graves et fréquentes attaques d'épilepsie pendant lesquelles je l'observai souvent. Dans le cours de mes observations, je me familiarisai bientôt avec ce fait que, au commencement de l'état comateux qui succède aux attaques, il y avait invariablement élévation de la partie du cuir chevelu (scalp) recouvrant la perte de substance. La stupeur passée et le sommeil suivant (som-

---

[1] *Physiological journal*, vol. V, p. 71
[2] On Wakefulness. — Philadelphia, 1866.

meil léger dont le malade pouvait être tiré facilement) le cuir chevelu se déprimait graduellement; quand l'homme était éveillé, la
portion du péricrâne en question était toujours presque au niveau
de la surface des os crâniens.

Cette observation prouve encore mieux que les précédentes ce que
je disais plus haut. — Quelle comparaison tirer pour le sommeil et
la veille de ces variations qui se rapportent à l'état comateux d'une
attaque épileptiforme et au sommeil qui la suit. — De plus, dans
ces cas on n'observait pas le cerveau directement puisque la dure-
mère avait été conservée. Voilà tout ce que l'on a trouvé pour l'examen du sommeil normal (?) chez l'homme; nous citerons plus loin
deux autres observations prises sur des blessés à l'occasion des effets du chloroforme.

Quant aux expériences, elles sont de plusieurs espèces. C'est d'a-
bord la ligature ou la compression des carotides. Bichat, disait dans
ses belles recherches sur la vie et la mort : « Il est facile de prouver que le mouvement du sang, en se communiquant au cerveau,
entretient son action et sa vie. Mettez en partie cet organe à découvert sur un animal de manière à voir ses mouvements ; liez ensuite
les carotides. Quelquefois le mouvement cérébral s'affaiblit et alors
l'animal est comme étourdi ; d'autres fois il continue comme à
l'ordinaire, les vertébrales suppléant[1]. »

Cette compression des carotides, reprise par Kussmaul et Tenner,
par Ehrmann pour la démonstration de l'existence de l'anémie cérébrale fut faite sur l'homme, par Fleming. En appliquant le doigt
sur les carotides, il produisait une syncope qu'il assimile au sommeil. Nous verrons plus loin ce qu'il faut penser de cette assimilation, et nous arrivons tout de suite à l'action des médicaments. Je
vais les passer en revue en opposant aux expériences des uns les expériences des autres. Quant aux miennes propres, elles ne sont pas,
à mon grand regret, assez nombreuses pour que je puisse en tirer
quelques conclusions. Je resterai ici dans mon rôle de critique en
cherchant les desiderata de ces expériences. J'en ajouterai quelques-
unes qui m'ont semblées intéressantes par quelque point.

Le chloroforme a été surtout employé pour produire le sommeil ;
mais si, dans la période qui suit immédiatement l'excitation, on peut
établir une comparaison entre l'état obtenu et le sommeil, il n'en est
plus de même alors que l'anesthésie est complète.

---

[1] Bichat, *Recherches sur la vie et la mort*. — Édition Cerise, 1861, p 124.

Voici néanmoins le parti qu'on en a tiré. Bedford Brown[1], of North Carolina, a, sous l'influence d'un anesthésique, pendant l'opération du trépan, examiné un homme qui avait perdu une partie de la paroi crânienne : « Pendant que l'influence anesthésique commençait, la surface du cerveau présentant un aspect rouge et injecté. L'hémorrhagie augmentait et la force de la pulsation était plus grande. En même temps, des mouvements de va-et-vient du cerveau nous poussèrent à suspendre l'opération jusqu'à ce qu'ils fussent calmés par la répétition du médicament. Quand les pulsations furent diminuées, la surface cérébrale s'abaissa au-dessous de l'ouverture du crâne, comme si elle s'affaissait. L'aspect de l'organe devenant pâle et rétracté. »

Au Congrès de Tubingue, 1854 : « Krauss[2] fait part d'expériences faites par lui dans les mouvements du cerveau chez un individu qui présentait une solution de continuité à la voûte crânienne. Il fait observer que ces mouvements étaient complétement suspendus sous l'influence du narcotisme anesthésique. » L'absence de détails est regrettable dans cette observation que nous ne pouvons guère utiliser. Quant aux animaux en expérience, voici d'abord les cas très-bien observés de Regnard[3].

EXPÉRIENCE I (Regnard). — Une portion du crâne est enlevée, la dure-mère est réséquée, on administre le *chloroforme* : au début mouvements énergiques convulsifs, turgescence du cerveau et de son réseau vasculaire, peu à peu, à mesure que les mouvements respiratoires se régularisent et que survient la période de résolution anesthésique, on voit diminuer et s'effacer presque la turgescence ; le réseau vasculaire est évidemment moins gonflé qu'au moment de l'inhalation; insensibilité complète.

Peu à peu le réseau va pâlissant de plus en plus ; un vaisseau probablement une artère, vu sa petitesse, devient presque imperceptible. L'animal est en ce moment dans un sommeil presque naturel ; pincé il s'agite et retombe dans son assoupissement. La respiration est parfaitement calme et normale, les mouvements du cerveau sont à peine perceptibles. Bientôt et très-rapidement, le réseau vasculaire se remplit. Certaines veines se dessiment de nouveau en relief; on aperçoit très-nettement des anastomoses invisibles tout à l'heure. En même temps, l'animal revient à lui, relève la tête. Il se réveille.

Cet état constaté, on l'excite en le pinçant, à l'aide de vinaigre, d'ammoniaque placé sous son nez. A chaque excitation correspond très-manifeste-

---

[1] *American Journal of the med. science*, 18.0.
[2] *Gaz. hebd.* 1854. (Analyse.)
[3] Thèses de Strasbourg, 1868.

ment une turgescence vasculaire, suivie d'une constriction relative : puis l'état normal reparaît.

II. Cerveau mis à nu. Après avoir laissé reposer l'animal un instant, on le soumet à l'influence du *chloroforme* à l'aide d'une éponge imbibée, au-dessus de laquelle on le maintient. Au moment de l'inhalation, agitation, *respiration énergique et désordonnée ; turgescence* énorme du cerveau qui fait hernie à travers l'ouverture... hémorrhagie... Peu à peu, à mesure que se montre le sommeil anesthésique, on voit la petite hernie s'affaisser, et la surface cérébrale, d'hémisphérique, devenir à peu près plane. Le sang ne coule plus que très-lentement et s'arrête peu à peu. Du reste il s'agit ici de l'anesthésie proprement dite et non de sommeil simple. L'animal est complétement insensible. Le cerveau devient de nouveau turgide au moment où l'animal se réveille. Une demi-heure après, nouvelle dose de chloroforme ; mêmes phénomènes de turgescence, puis, rapidement, affaissement, pâleur du cerveau. Je m'aperçois que la respiration se fait mal et faiblement ; elle cesse, le cœur bat encore quelque temps : mort.

III. *Éthérisation* avant l'ouverture du crâne. — Au moment de l'opération hémorrhagie abondante....... Pendant que l'*hémorrhagie s'apaise l'animal s'est réveillé.* A 10 heures 20 nouvelles doses d'éther. Respiration précipitée, turgescence énorme du cerveau et particulièrement de deux vaisseaux volumineux qui sont *probablement des veines.* Ce qui est très-net et très-remarquable, c'est la couleur noire foncée de ces vaisseaux, et surtout du sang qui coule de temps en temps du pourtour de la surface cérébrale dénudée. Bientôt la respiration se modère, la turgescence cesse et les vaisseaux diminuent manifestement de calibre (se servir de la loupe). A 10 heures 25, sommeil, résolution et insensibilité complète : les vaisseaux ont même un peu diminué, mais la teinte générale reste noirâtre. Les battements du cerveau correspondant au pouls, sont extrêmement marqués. Ces battements disparaissent à 10 heures 28 minutes. A 10 heures 35, on voit changer très-manifestement la teinte du sang qui s'écoule. Il est maintenant rouge, rutilant, vermeil ; l'animal s'est réveillé spontanément. — A chaque excitation, on voit augmenter cet écoulement de sang artérialisé.

A 10 heures 40, de petits vaisseaux filiformes, rouges, invisibles auparavant, se dessinent. La teinte rouge du cerveau se manifeste de plus en plus ; les battements sont à peu près normaux ; l'animal est complétement réveillé.

A un certain moment, il fait de violents efforts pour s'échapper ; turgescence énorme et hernie du cerveau à laquelle succède avec la prostration générale, un affaissement considérable de l'organe.

IV. Jeune lapin. — Ouverture du crâne, résection de la dure-mère. A 10 heures 35, après avoir laissé reposer, *chloroforme ;* en deux minutes, prostration, insensibilité. Le cerveau est très-turgide. Une veine relativement volumineuse est saillante, foncée ; respiration fréquente, stertoreuse, insensibilité.

A 10 heures 50, le cerveau s'est affaissé, sa vascularité est diminuée, insensibilité complète.

A 11 heures état analogue, les vaisseaux sont encore plus fins, sensibilité obtuse, l'animal est plongé dans un sommeil à peu près naturel.

A 11 heures 5, teinte remarquablement pâle et anémiée du cerveau ; même état de l'animal. Respiration lente, régulière.

A 11 heures 50, teinte rosée manifeste ; injection et saillie d'un petit vaisseau rutilant, nouveau. L'animal se réveille et redresse la tête.

Nous trouvons dans ces expériences très-bien faites, le *rapport constant* entre la congestion veineuse de l'encéphale et la gêne de la respiration. Je note et je répète avec l'auteur quoiqu'il n'en ait pas assez profité, cette phrase de l'expérience I : « A chaque excitation correspond très-manifestement une turgescence vasculaire, suivie d'une constriction relative, puis l'*État normal reparaît.* » Ce qu'il faudrait observer en effet pour démontrer l'anémie du cerveau pendant le sommeil ; ce serait d'abord un passage insensible, graduel, de l'un à l'autre de ces états, sans troubles aussi grossiers du côté de la circulation et de la respiration, troubles qui viennent singulièrement compliquer l'observation.

Qu'y a-t-il d'étonnant, en effet, à voir un affaissement du cerveau après une telle congestion, même quand cet affaissement dépasserait les limites de l'état normal.

Durham[1], cependant, après une expérience décrite tout au long, qui du reste a été la première en date dans le genre de celles que nous décrivons, et qui leur est entièrement semblable, crut devoir s'entourer de plus grandes précautions et se rapprocher des conditions du sommeil normal.

« Après un temps court, l'animal fut nourri et on le laissa retomber dans le sommeil ; les vaisseaux sanguins reprirent graduellement leurs dimensions premières et la surface du cerveau redevint pâle comme auparavant. L'animal dormit d'une manière parfaitement naturelle. Le contraste entre l'aspect du cerveau pendant la période d'activité fonctionnelle et pendant son état de repos ou sommeil était très-remarquable. Afin cependant d'être bien sûr que je n'avais pas été trompé par mon imagination ou par ma mémoire fautive, mais que la différence était bien réelle, j'opérais sur deux animaux et les fit passer alternativement par différent états. Les animaux étant placés côte à côte, les apparences dans les deux cas purent être comparés d'une façon satisfaisante.

[1] *Physiology of the Sleep.* — Guy's Hopital reports. 1860.

« L'état des vaisseaux sanguins fut examiné avec soin au moyen d'une lentille puissante, le tube d'un microscope ordinaire (avec un objectif et un oculaire, fut aussi employé avec avantage).

Voilà une expérience bonne en faveur de l'anémie, mais cela ne fait qu'une ; voyons si elle sera confirmée par d'autres.

Hammond, du reste, qui s'est basé sur l'opium pour arriver au même résultat que Durham est tout à fait d'avis que le chloroforme ne produit l'anémie à aucun moment de son administration. Il dit : « Le chloroforme fut administré : En quelques secondes, changement de couleur du sang ; mais il ne se produisit aucun affaissement du cerveau ; au contraire, sa saillie devint plus grande qu'au commencement de l'expérience » ; sur des chiens et des lapins, il obtint souvent les mêmes résultats.

Voici une de nos expériences chez un lapin trépané, et après l'avoir laissé se reposer pendant plusieurs heures.

Expérience personnelle : « L'ensemble de la substance cérébrale mise à nu a une coloration rosée et on voit deux vaisseaux ; l'un plus interne qui se dirige en avant est assez gros, l'autre en arrière est filiforme. — L'animal est chloroformisé ; pendant l'opération, pas de changement perceptible à l'œil nu, ni à la loupe. Le sommeil vient assez rapidement sans convulsions ni mouvements exagérés. Au bout de quelques instants : réveil, contractures, opisthotonos, l'animal est replacé sous le chloroforme. Le sommeil recommence très-tranquille, très-complet et dure assez longtemps. Pendant ce temps, et très-nettement, peu à peu la substance cérébrale fait une hernie plus considérable au travers de l'orifice osseux. Le premier vaisseau, le gros, est plus plein ; le second vaisseau, le filiforme augmente de volume d'une façon très-nette ; enfin en arrière, on voit se produire une petite courbe rouge, c'est un vaisseau qui ne paraissait pas tout d'abord d'une façon notable et qui se dessine de plus en plus ; puis, peu à peu, ces dilatations disparaissent pour le dernier vaisseau, diminuent pour les deux autres. La hernie diminue de volume. Le réveil se fait. »

J'ai fait cette expérience avec mon ami et collègue Foix le 26 septembre 1871.

Quant à la hernie du cerveau au travers de l'ouverture artificielle du crâne, il ne faut pas être trop affirmatif en l'attribuant exclusivement à une augmentation de la circulation cérébrale ; voici une expérience que j'ai faite avec mon ami le docteur Reverdin, qui prouve que le liquide céphalo-rachidien y a une bonne part :

« C'est le même lapin que ci-dessus, pris quatre jours après la dernière expérience. On met le cerveau à découvert, il s'écoule du pus en grande quantité. Au niveau de la partie supérieure du lobe droit, on voit une ouverture d'abcès qui paraît communiquer avec la cavité ventriculaire; il n'y a pas de saillie cérébrale.

« *Chloroforme.* — Le sommeil est produit facilement. La tête du lapin endormi tombe sur la table ; saillie de la substance cérébrale. Nous attribuons d'abord cela au gonflement du cerveau, mais, en réfléchissant, et en voyant par l'orifice de l'abcès du cerveau à chaque mouvement respiratoire saillir un peu de liquide incolore, nous pensons que la saillie cérébrale doit être causée par la compression du liquide céphalo-rachidien, agissant du bas en haut à l'intérieur du ventricule et à la face inférieure du cerveau. Il ne passe pas de sérosité arachnoïdienne au pourtour de l'orifice du trépan ; il y a là adhérence ou coagulation du pus.

« Voulant nous confirmer dans cette idée, nous mettons le lapin dans une position verticale, la tête en haut, en passant par les inclinaisons successives ; peu à peu nous voyons la saillie diminuer; un creux se fait à la place de cette saillie. On voit toujours au fond de la plaie les battements isochrones à la respiration. Le lapin dort toujours.

« On le remet sur la table, la saillie se reproduit. En levant en l'air le train postérieur, la saillie augmente, et il sort du liquide céphalo-rachidien par l'orifice de l'abcès dont nous avons déjà parlé.

« Placé dans la station normale, on ne voit pas d'ailleurs qu'il y ait congestion ou anémie apparente de la substance cérébrale. Les pupilles sont petites.

« Le lapin se réveille, les pupilles se dilatent, pas de phénomènes extérieurs à la surface de l'encéphale. »

Nous avons cité cette expérience simplement dans le but de montrer que la congestion encéphalique n'était pas la seule cause de cette hernie cérébrale à laquelle nous sommes obligés de faire souvent allusion, et non pas pour la contester ; assez d'autres expériences nous ont mis à même de la constater.

Hammond a donc bien vu et bien observé; mais il a été trop exclusif, de même que Durham et Reguard l'ont été dans le sens contraire.

L'éther satisfit plus Hammond que le chloroforme, et il les met même en opposition l'un à l'autre au point de vue de leurs effets sur la circulation cérébrale. Voici ses expériences[1].

Un chien de moyenne taille est trépané sur le pariétal gauche, près de la suture sagittale, après avoir été placé sous l'influence anesthésique de l'é-
ther. L'ouverture faite avec le trépan est agrandie avec un sécateur de façon à exposer la dure-mère dans l'étendue d'un pouce carré. Cette membrane fut sectionnée et le cerveau mis à nu. Il était abaissé au-dessous de la surface inférieure du crâne et quelques vaisseaux seulement étaient visibles. Cependant ceux que l'on pouvait distinguer charriaient évidemment du sang noir, et toute la surface du cerveau mise à nu *était de couleur pourpre*. Une fois passée l'influence anesthésique, la circulation du sang dans le cerveau devint plus active. La coloration pourpre s'éteignit et de nombreux petits vaisseaux remplis de sang rouge devinrent visibles. En même temps le volume du cerveau augmenta, et quand l'animal fut tout à fait réveillé, l'organe fit à travers l'ouverture du crâne une saillie telle que sa surface était située à plus d'un quart de pouce au-dessus de la surface extérieure du crâne ; tant que le chien resta éveillé, la position et la condition du cerveau restèrent la même ; après un intervalle d'une heure, le *sommeil survint*. Alors je surveillai le cerveau très-attentivement. Son volume décrut peu à peu. Quelques petits vaisseaux devinrent invisibles et finalement il se contracta tellement que sa surface pâle et en apparence privée de sang descendit au-dessous de la surface crânienne ; deux heures après, l'animal fut de nouveau éthérisé de façon que l'influence de l'éther sur la circulation cérébrale pût être observée dès le commencement.

Quelques minutes avant, pendant son réveil, le chien avait mangé un peu et bu un peu d'eau. Le cerveau faisait saillie au travers de l'ouverture et sa surface couleur d'œillet présentait de nombreux vaisseaux rouges ramifiés. L'*éther* fut administré au moyen d'un linge plié placé au fond d'un entonnoir et contenant une petite éponge imbibée de cet agent.

Aussitôt que le chien commença à respirer l'éther, l'apparence du cerveau subit un changement de couleur, et son volume diminua.

En continuant l'éthérisation, la couleur de la surface devint pourpre et celle-ci cessa de saillir au dehors. Enfin quand l'anesthésie fut complète, on vit la surface du cerveau s'abaisser encore et les vaisseaux ne contenaient plus que du sang noir.

Peu à peu l'animal reprit conscience; les vaisseaux reprirent leur couleur rouge et le cerveau fut de nouveau élevé dans sa position première. Dans cette dernière expérience, il n'y eut pas d'apparence de congestion du cerveau. — Si cette condition eût existé, il eût été difficile de la noter sur la diminution en masse qui prit sa place.

Il y avait évidemment moins de sang dans le tissu cérébral qu'avant l'é-

---

[1] J'ai traduit toutes ces expériences pour pouvoir placer sous les yeux toutes les pièces du procès, dût-on ne pas être de notre avis quant aux conclusions que je compte en tirer.

2

thérisation; mais ce sang, au lieu d'être oxygéné, était chargé de matières excrémentitielles et par conséquent n'était pas propre à maintenir le cerveau en état d'activité.

Voici encore des expériences qui ne prouvent pas les conclusions de l'auteur : dans l'une d'elles le cerveau est bien pâle, et rétracté pendant l'éthérisation; mais dans les deux autres il est pourpre et chargé de sang noir. Pendant le réveil, cette saillie énorme d'un quart de pouce au-dessus de la surface externe du crâne n'est pas prise, je suppose, pour l'état normal, et ce n'est pas avec elle que pourra être comparé l'affaissement qui va suivre lorsque l'animal sera pris du sommeil. Dans tous les cas, même en admettant la façon de voir de l'auteur, ce n'est pas là du sommeil normal.

Quant à l'opium, c'est là que Hammond triomphe.

Chez trois chiens trépanés d'avance, j'administrai au premier le quart d'un grain d'opium : au deuxième un grain; au troisième deux grains. Le cerveau de chacun était à ce moment dans son état normal.

Tout d'abord la circulation du sang dans le cerveau devint plus active et la respiration plus précipitée. Les vaisseaux sanguins, vus au travers des ouvertures du crâne, étaient plus pleins et plus rouges qu'avant l'administration de l'opium, et la substance cérébrale était rose chez chacun de ces animaux.

Bientôt cependant l'uniformité qui résultait de l'examen comparatif disparut. *Chez le premier chien*, les vaisseaux restèrent modérément rouges et distendus à peu près pendant *une heure* et alors le cerveau reprit lentement son apparence normale. Chez le *deuxième chien*, la congestion active disparut en moins d'une *demi-heure* et fut suivie d'une période de contraction très-nette, la surface du cerveau étant tombée au-dessous de la surface du crâne et la coloration étant devenue pâle. Quand ces changements survinrent, l'animal tomba graduellement dans un profond sommeil, dont on put le tirer facilement. Chez le troisième chien, la surface du cerveau devint foncée, puis noire, par le fait de la circulation d'un sang contenant une surabondance de carbone, et sous l'influence de la diminution d'action du cœur et des vaisseaux, elle descendit au-dessous du niveau de l'ouverture crânienne, montrant par conséquent l'apport moins considérable du sang dans son tissu. Pendant ce temps, le nombre de respirations tomba de 26 à 14, et elles furent plus faibles qu'auparavant. Un état de stupeur complète se produisit dont on ne pouvait pas tirer l'animal, et dura deux heures. Pendant sa durée, la sensibilité était complètement abolie ainsi que la motilité.

On pourrait supposer que les conditions présentées dans les expériences 2 et 3 différaient seulement quant au degré. L'expérience suivante va montrer que ce n'est pas le cas ici.

Expérience : Aux chiens 2 et 3 j'administrai le jour suivant comme avant un et deux grains d'opium. Aussitôt que les effets se montrèrent sur le cerveau, j'ouvris la trachée de chacun d'eux et pratiquai la respiration artificielle au moyen d'un soufflet. Sur les deux chiens, la congestion des vaisseaux sanguins du cerveau disparut ; le cerveau s'affaissa, et les animaux tombèrent dans un sommeil réel dont on pouvait les tirer aisément. Si on arrêtait l'action du soufflet en laissant les animaux livrés à leurs propres efforts respiratoires, aucun changement ne paraissait chez le n° 2. — Chez le n° 3 la surface du cerveau devenait noire et la stupeur arrivait.

Afin d'être édifié sur ce sujet, je procédai comme il suit avec un autre chien :

Expérience : L'animal est trépané comme les autres et on lui donne 4 grains d'opium. En même temps, la trachée est ouverte et la respiration artificielle instituée.

Le cerveau devint légèrement congestionné, puis s'affaissa et le sommeil survint ; sommeil profond mais dont on pouvait tirer l'animal en lui pinçant l'oreille. Après avoir continué l'opération pendant une heure et quart, je retirai le tube du soufflet et laissai l'animal respirer tout seul. Immédiatement les vaisseaux du cerveau se remplirent de sang noir et la surface prit une coloration foncée.

Le chien ne put en être tiré et mourut une heure et quart après la fin de l'opération.

Je n'ai noté des expériences que les points qui intéressaient le sujet actuel, réservant pour une autre occasion des choses très-intéressantes. — Néanmoins on peut voir qu'une *petite dose d'opium* excite le cerveau en accroissant l'action de sa circulation sanguine ; qu'*une dose modérée d'opium cause le sommeil en diminuant la quantité de sang ;* et qu'une forte dose produit la stupeur en arrêtant la respiration et en déterminant dans le cerveau la circulation d'un sang chargé de carbone, par conséquent toxique.

Ces expériences avec des doses élevées nous prouvent une chose très-nette, c'est que l'opium administré de cette façon peut causer un état voisin de la mort, avec gêne de la respiration, accumulation de sang noir dans les veines du cerveau ; que la respiration artificielle fait disparaître cette stase veineuse ; qu'alors le sang, qui se remet à circuler, reprend sa coloration rouge, le cerveau s'affaissant, et l'animal continuant à dormir, elles prouvent que le cerveau est moins congestionné dans le sommeil opiacé que dans l'asphyxie ; mais voilà tout. Quant aux doses faibles d'opium, Hammond déclare qu'elles congestionnent le cerveau ; restent donc, en faveur de sa théorie, les doses moyennes ; mais ici Durham n'est plus de l'avis de Hammond. Il n'a évidemment pas obtenu les mêmes effets ; il ne veut pas, du reste, trop s'avancer sur ce terrain, et cherche des explications qui puissent lui rendre compte de cette contradiction expérimentale.

« Quand un animal est endormi après une dose modérée de narcotiques, il est difficile de dire quelle est, dans ce sommeil, la part des causes naturelles, quelle est la part du médicament, et quand une *dose toxique est administrée, la respiration est empêchée, et par contre une congestion veineuse de plusieurs organes s'ensuit ;* de plus nous savons que l'action des narcotiques varie dans une certaine mesure avec les constitutions particulières des individus ; combien plus grande sera la différence si on les administre à des animaux. » Ce ne sont que des précautions oratoires pour préparer à l'insuccès qu'il a obtenu. Mais comme ce scrupule vient tard, et comme il aurait dû lui suggérer, un peu à propos du chloroforme, les excellentes choses qu'il dit dans cette phrase. Quant aux effets obtenus, les voici : « Le cerveau d'animaux endormis avec une injection hypodermique de un ou deux grains d'hydrochlorate de morphine ne présente aucune particularité ; douze grains, cependant, produisent promptement des symptômes d'empoisonnement avec une congestion veineuse de l'encéphale. »

Il nous reste le chloral, et je pense que, si un médicament doit donner des indications utiles, c'est bien celui-là, en raison du peu de symptômes perturbateurs qui manifestent son entrée dans l'économie. Mais les expériences faites avec cet agent sont insuffisantes.

Hammond[1] a constaté qu'au début de l'action du chloral, la circulation cérébrale augmente ; que pendant le sommeil chloralique elle diminue ; qu'elle augmente de nouveau au moment du réveil *pour retourner à son état normal.* Voilà un point qu'on aurait dû noter plus souvent, « ce retour à l'état normal, » et qui nous aurait peut-être évité une longue partie de cette discussion.

Voici une expérience faite avec le chloral par nous en 1871.

Expérience (*personnelle*). — 22 novembre 1871. Lapin. Trépanation sous l'éther.

23 novembre. — La plaie est belle ; on trouve sous la peau décousue la dure-mère encore transparente. Une éraillure antérieure laisse suinter du liquide incolore, transparent (céph.-rach.) La veine longitudinale est assez volumineuse, ainsi qu'une veine oblique, qui se dirige en avant et en dehors du côté gauche. Au travers de la

---

[1] Thèse de John Faure.

dure-mère, on voit les vaisseaux de la pie-mère, surtout, à gauche en dehors. Suivant les mouvements du lapin qui redresse ou baisse la tête, la dure-mère fait plus ou moins de saillie, refoulée par le liquide céphalo-rachidien. On voit en même temps le cerveau se rapprocher de la paroi, les mouvements sont isochrones avec la respiration, 40 à la minute.

2 *heures*. — Injection sous la peau de 1 gramme d'hydrate de *chloral* dissous dans une égale quantité d'eau.

2 *heures un quart*. — Sans avoir eu la moindre période d'agitation, le lapin dort. Il laisse d'abord pendre ses pattes de derrière, puis peu à peu laisse pencher sa tête jusqu'à ce qu'elle pose sur la table, puis les yeux sont demi-fermés; il ne voit pas qu'on approche de son œil un corps étranger. Resp. 40.

2 *heures et demie*. — En faisant sonner un verre à côté de lui, il fait quelques petits mouvements de tête, n'ouvre pas les yeux.

2 *heures trois quarts*. — Dort toujours. En le remuant un peu, on le réveille. Pupilles moyennes. Le train de derrière reste inerte. Il retombe aussitôt dans le sommeil. Resp. 40.

Pendant ce réveil, rien de remarquable du côté des veines perceptibles au travers de la dure-mère. Pas plus de saillie de la dure-mère au travers du crâne que lorsque la tête, pendant le réveil, est dans la même position. Le train postérieur est à peu près insensible.

3 *heures*. — Réveil artificiel. Il a toujours une tendance à dormir de nouveau ; je lui fais manger quelque chose. Il se remue alors spontanément. La pupille est plus large. Le vaisseau *bb′* est plus petit. Le vaisseau *bb″* est aussi plus petit ; les autres ne paraissent pas avoir changé. La saillie de la dure-mère est moindre quand il a relevé la tête.

Sans donner des résultats très-caractérisques, cette expérience est intéressante, d'abord par ses détails sur l'effet du chloral et ce léger degré d'anesthésie et de paralysie des membres inférieurs; — puis au point de vue du sommeil, parce que nous avions conservé la dure-mère pour voir ce qui se passerait au travers. Il n'y a pas eu de congestion notable, mais il n'y a pas eu non plus d'anémie évidente et c'est plutôt au moment du réveil qu'on a vu quelques petits vaisseaux diminuer de calibre.

Dans tout cela avons-nous rencontré le sommeil normal? Nullement, à part cette expérience de Durham qui s'en rapprochait assez et dans laquelle il y eut une anémie manifeste.

Si donc je recommençais des expériences sur ce sujet, comme je le voulais faire pour ma thèse et comme je le ferai sans doute uu jour, j'emploierais le chloral de préférence à toute autre substance et, mieux encore, c'est après avoir placé avec soin la virole avec diaphragme de verre employée par Erhmann, que j'attendrais le moment du sommeil normal. — Les mensurations seraient nécessaires avant, pendant et après. Tout cela est fort difficile ; je le sais, pour l'avoir essayé, mais tout celà n'a pas été fait avec assez de soin par les auteurs dont nous avons parlé, et qui, s'ils ont rapporté des expériences fort intéressantes, ont eu le tort de commencer par être exclusifs et ont fini par voir les choses au travers de leur théorie.

Voici donc ce que nous pouvons conclure de ce chapitre.

Les variations de volume du liquide sanguin dans les centres nerveux sont à l'état normal peu considérables en dehors de certains cas particuliers.

L'effort, le cri, la gêne de la respiration, quelle qu'en soit la cause, accumulent dans les sinus veineux une grande quantité de sang qui les distend, et chez l'enfant repousse les fontanelles, chez l'animal en expérience fait saillir le cerveau hors de la boîte crânienne.

Les expériences dans lesquelles cette cause d'augmentation du liquide sanguin n'a pas été évitée, tout en pouvant servir à d'autres égards, ne doivent pas devenir le point de départ d'une théorie du sommeil.

Les effets des médicaments employés jusqu'ici pour prouver la théorie de l'anémie sont contestés et contestables. Le chloroforme anémiant pour Durham, congestionnant pour Hammond ; l'opium anémiant pour Hammond, congestionnant pour Durham, doivent être sévèrement revus au point de vue dont nous parlons. Dans la plupart des expériences que nous avons citées, la congestion a joué un rôle considérable, trop considérable même pour que nous voulions lui attribuer les effets qui la suivent. Cependant elle aurait mérité qu'on y fît un peu plus attention.

Voyons donc si par d'autres moyens nous ne pourrons pas arriver à disséquer un peu mieux d'autres éléments de la question.

CHAPITRE II

DES RAPPORTS ENTRE L'ÉTAT DE LA PUPILLE ET L'ÉTAT DE LA CIRCULATION CÉRÉBRALE.

I

Parmi les moyens indirects d'ariver à la connaissance de l'état du cerveau pendant le sommeil, il en est un dont nous n'avons pas encore fait mention et qui va, pensons-nous, jeter un élément de plus dans la discussion.

Nous voulons parler de l'examen du globe oculaire et en particulier de l'état de la pupille. C'est sur ce point que nous allons faire rouler tout ce chapitre.

La pupille est à l'état de contraction dans le sommeil normal. La connaissance de ce fait, que nous croyons très-important, est due à mon excellent maître, M. Gubler. — Je ne sache pas, en effet, malgré mes recherches à ce sujet, que ce fait ait été indiqué par d'autres auteurs. D'un autre côté, je n'ai pas vu qu'on ait tenu compte de ce signe, même pour le discuter dans les travaux qui ont été faits sur le sommeil depuis ce moment. Et cependant la publication de la note de M. Gubler qui en fait mention remonte à l'année 1858[1].

Nous reviendrons plus tard sur l'analyse de ce phénomène et sur les conséquences qui en ont été tirées; nous allons commencer par le bien établir sur une série d'observations. Voici comment il faut faire

[1] *Société médicale des hôpitaux* et *Gaz. des hôpitaux*, 1858.

pour pouvoir le constater. En s'approchant doucement d'une personne qui dort et dont le visage n'est pas exposé à une lumière trop intense, on ouvre légèrement avec le doigt la paupière supérieure d'un côté, puis en la maintenant ouverte on regarde ce qui se passe. Ces détails et ces précautions n'ont rien de puéril, car si l'on s'approche trop brusquement, le réveil se fait trop vite, les paupières se ferment contre l'effort qui cherche à les ouvrir, et on ne peut arriver à voir la pupille que lorsque le réveil est complètement opéré. D'un autre côté, si le visage est placé en face d'une lumière trop vive, l'effet de cette lumière pourrait être de modifier l'état de la pupille en dehors des conditions que l'on cherche à étudier.

Quels sont donc les phénomènes normaux pendant la veille? C'est ce que nous allons dire tout d'abord, afin de pouvoir faire la comparaison. En voici la description faite par Longet :

« Un corps est-il fortement éclairé, la pupille se rétrécit, éliminant ainsi tous les rayons inutiles ou nuisibles à la netteté de la vue ; l'objet n'envoie-t-il que peu de lumière, l'orifice pupillaire se dilate de manière à admettre la plus grande partie des rayons réfractés par la cornée. — Les variations de l'orifice pupillaire se lient aussi au degré de convergence plus ou moins grand des rayons lumineux qui arrivent dans l'œil. *S'ils sont peu divergents, la pupille se dilate.* Tel est le phénomène qui s'observe dans la vision des objets éloignés. Mais si un corps se rapproche de l'œil, l'orifice pupillaire se contracte, ce qui coïncide évidemment avec l'augmentation de divergence des rayons émanés de chacun des points de ce corps[1]. »

Il est en effet facile à chacun de constater ces phénomènes, en répétant sur soi-même, en se regardant dans une glace, les expériences suivantes :

1° En ouvrant et en fermant alternativement la paupière, on voit la pupille se contracter sous l'influence de la lumière et on trouve qu'elle s'est dilatée lors de l'abaissement de la paupière.

Expérience. — Je m'approche d'un malade au moment où il ne dort pas. Les pupilles sont dans un état de contraction moyenne ; je ferme la paupière : la pupille se dilate, ce que je vois en ouvrant l'œil de nouveau ; et presque aussitôt l'œil ouvert, la pupille se contracte sous l'influence de la lumière. Lorsque j'approche vivement la lumière, la contraction n'est pas uniforme, il y a des *oscillations*

---

[1] Longet, *Tr. de physiologie*, t. II, p. 845. — 2ᵉ édition.

peu étendues d'abord, puis plus amples, et enfin diminuant d'ampleur. La même expérience reproduite plusieurs fois donne les mêmes résultats.

2° En éloignant ou en rapprochant une lumière, ou simplement en s'éloignant ou en se rapprochant d'une glace, on voit la pupille se dilater dans le premier cas, se contracter dans le second.

Expérience. — 20 décembre, soir. La pupille est assez contractée. L'expérience se fait avec une lumière. En éloignant cette lumière, la pupille se dilate. En la rapprochant, la pupille se contracte. Il y a des oscillations légères dans la contraction et la dilatation.

II

Voyons donc s'il en est de même dans le sommeil normal et au moment du réveil.

Lorsqu'on entr'ouvre doucement la paupière d'une personne qui dort, on trouve la pupille contractée ; elle reste dans cet état pendant un temps ordinairement très-court, qui dépend du moment où se fait le réveil ; puis, quand celui-ci s'effectue, la pupille se dilate ; l'iris exécute quelques oscillations, pour enfin rester fixe dans un état de dilatation variable aussi, toujours supérieur à celui du sommeil, et qui se trouve ordinairement donner à la pupille un diamètre double de celui qu'elle possédait auparavant. Je n'ajoute pour le moment qu'un mot sur l'état de la conjonctive bulbaire et palpébrale, qui sont congestionnées ; j'y reviendrai plus tard. Voici les observations à l'appui de ce que je viens de dire :

Observation I. — 5 décembre 1871. N° 7. Sainte-Marthe. Cette femme dort les yeux couverts seulement à demi par les paupières. On voit la pupille qui est *contractée* et présente un diamètre de un quart du diamètre irien.

La malade se réveille. Il se produit une *dilatation* très-nette, suivie de quelques oscillations. La pupille reste enfin dilatée et a alors à peu près la moitié du diamètre de l'iris.

Observation II. — N° 32. Saint-Louis, garçon de 17 ans, atteint de fièvre typhoïde.

Pendant la période de réparation, le 23 décembre, j'ouvre la pau-

pière tout doucement pendant le sommeil : la pupille est *contractée*.
Pendant quelques instants, le malade ne *se réveille pas* malgré
cela ; *la pupille reste contractée.* Je le secoue alors et le réveille : la
pupille se *dilate*.

OBSERVATION III. — 12 décembre. On ouvre légèrement la paupière : on trouve la pupille contractée. Le réveil se fait un instant
après. Il se produit une dilatation forte.

Observation IV. — 15 novembre. Sur un homme de 18 ans
atteint de fièvre typhoïde.
Malade endormi : j'ouvre la paupière de l'œil droit, je trouve la
pupille contractée : elle se dilate aussitôt. Il se réveille.

OBSERVATION V. — Juin 1872. A..., 50 ans. Je soulève la paupière droite pendant le sommeil de l'individu. La pupille est très-
fortement contractée : le réveil se fait, les deux pupilles deviennent
en diamètre doubles de leurs dimensions précédentes.

OBSERVATION VI. — Juin 1872. X..., 18 ans. Convalescent de
fièvre typhoïde. Pendant le sommeil, la pupille n'est pas très-pe-
tite. Au moment du réveil, son diamètre devient à peu près double de ce qu'il était, et ce phénomène se produit également et simultanément des deux côtés.

OBSERVATION VII. — Juin 1872. L..., 45 ans, a dans toute la
hauteur du poumon droit des râles et de la matité. Un mouvement
fébrile fait penser à une pneumonie bâtarde de nature tuberculeuse.
Il dort au moment où j'approche de son lit ; je soulève la paupière *gauche*. La pupille est contractée. Elle se dilate immédiatement, sa dilatation est même assez considérable pendant qu'il se
réveille. Du côté droit, la dilatation est moindre. L'iris paraît moins
mobile, c'est du reste le côté de la pneumonie.

OBSERVATION VIII. — X..., 6 ans. Oreillons. Dort. J'entr'ouvre la
paupière gauche. Je trouve la conjonctive injectée et la pupille très-
contractée. Il referme l'œil aussitôt. J'ouvre la paupière de l'autre
côté ; la pupille est très-dilatée.
Je reviens au côté gauche ; la pupille est très-dilatée.

Ainsi, c'est un fait acquis, ordinaire, que cette contraction de la pupille pendant le sommeil normal. Je crois inutile de donner des observations en plus grand nombre. Cependant, comme je l'ai déjà dit, il faut bien se mettre dans certaines conditions de lumière pour éviter les causes d'erreur. En effet, on peut lire dans Longet[1] ceci :

« La lumière peut manifester son action sur la rétine sans qu'il y ait perception. En effet, chez l'homme qui s'endort dans l'obscurité les pupilles sont dilatées ; chez celui qui se couche au soleil et s'endort les yeux tournés vers cette masse de lumière, les pupilles sont resserrées ; et même lorsqu'on fait passer un individu endormi de l'obscurité à la lumière sans qu'il s'éveille, la pupille se contracte. »

C'est ainsi qu'il faut aussi interpréter ce que dit Faure (p. 584) : « Chez ceux qui dorment du plus profond sommeil, la pupille se contracte quand, en écartant les paupières, on en approche une bougie allumée. »

Il m'est arrivé aussi une fois ou deux, lorsque le malade était en face d'une fenêtre, de ne pas voir la dilatation pupillaire se produire. Voici un autre fait observé sur un individu atteint de fièvre typhoïde à la période de réparation, plongé dans un état de somnolence continuelle.

OBSERVATION IX. — X... dort toujours ; on est obligé de lui faire prendre son bouillon. Son pouls est régulier. Je le réveille en lui ouvrant les paupières. La pupille dilatée se contracte immédiatement. Après plusieurs alternatives de dilatation et de contraction, elle demeure contractée. Le malade se rendort aussitôt. On ne peut même pas dire qu'il ait été complétement réveillé.

Ce fait ne nous présente pas la série ordinaire. — Après des oscillations la contraction reste l'état définitif. Il est vrai d'ajouter qu'il n'y a pas eu de réveil à proprement parler, le malade étant rendormi avant la fin de l'examen. J'insiste sur ces oscillations de la pupille, d'abord parce qu'elles sont intéressantes en elles-mêmes, et ensuite parce qu'elles peuvent induire en erreur. En effet, pour peu que la paupière ait un peu résisté au doigt qui la soulevait, il se peut que l'examen ainsi retardé de quelques secondes commence seulement au moment où la dilatation est déjà produite, ce qui

---

[1] *Traité de physiologie*, t. I, p. 615. 2ᵉ édition.

conduirait facilement à une conclusion contraire à celle que nous donnons : on évitera cette cause d'erreur avec un peu d'attention.

Voici une autre observation encore intéressante à ce point de vue :

OBSERVATION X. — X..., dort au moment de la visite ; réveillé par le soulèvement de la paupière, il ouvre les deux yeux. La pupille se contracte d'abord un peu, puis se dilate, et après un nombre d'oscillations assez grand, elle finit par rester à demi dilatée. Les oscillations sont nombreuses et d'ampleur considérable.

Dans ce cas, le rétrécissement a bien un peu augmenté au moment du réveil, mais pour aboutir à une dilatation plus considérable. Ce qui n'infirme nullement ce que nous avons dit plus haut.

Ainsi voilà, pensons-nous, le fait bien établi. Quelles sont les conséquences que l'on en peut tirer. Est-on en droit de dire que l'iris, organe éminemment vasculaire, érectile (Rouget), soit contracté lorsque ses vaissaux sont congestionnés ? est-il vrai ou seulement possible que ce phénomène soit un signe de congestion oculaire et cérébrale ? C'est ce que nous allons rechercher ; mais il nous faut procéder par ordre.

Quel est l'état de la pupille sous l'influence de certains états congestifs indiscutables, tels que ceux produits par la position, par la section du grand sympathique, certains états pathologiques et enfin par quelques médicaments.

Quel est l'état de la pupille dans les éta's d'anémie manifeste produits par des conditions toutes contraires ?

Nous allons énumérer ces diverses circonstances ; puis nous verrons par quels procédés l'iris subit ces modifications de volume ; si ces procédés sont multiples, et si nous pouvons tirer quelque induction de tous les phénomènes que nous aurons passés en revue à ceux qui se passent pendant la veille et le sommeil.

III

Énumérons d'abord les cas dans lesquels il y a congestion de la face et de la tête, en éliminant, bien entendu, toutes les causes traumatiques, inflammatoires qui pourraient amener des phénomènes purement locaux.

La *position* peut modifier la circulation d'une façon très-nette. En mettant un animal la tête en bas, la circulation de tout le segment antérieur est ralentie, il y a congestion dans toute cette portion : passive ou non, peu importe ici. Or, dans cette circonstance, la pupille se contracte dans des proportions assez considérables. Voici à cet égard le résultat des expériences très-curieuses de Brown-Séquard [1] :

« Si l'on prend un animal (surtout un lapin) par les deux membres postérieurs, et qu'on le tienne *suspendu la tête en bas*, on observe une série de phénomènes presque identiques à ceux qui suivent la section du grand sympathique au cou.

1° La *pupille se resserre* presque autant qu'après la section de ce nerf ou même qu'après l'ablation du ganglion cervical supérieur. Le resserrement s'opère d'abord très-vite ; après le commencement de la suspension et après deux ou trois minutes, il augmente très-lentement et atteint son maximum vers la huitième minute.

Dans quelques cas, je l'ai trouvé à ce moment aussi considérable, sinon plus, qu'après l'ablation du ganglion cervical supérieur, chez les lapins. Si cette ablation a été faite avant la suspension, la pupille déjà resserrée se resserre encore davantage lorsqu'on suspend l'animal..... Si l'on fait contracter les vaisseaux de la conjonctive et de l'iris par l'application de la belladone, que le sympathique ait été ou non coupé, la pupille se dilate, mais plus vite dans ce dernier cas que dans l'autre. Si, après que cette dilatation s'est opérée, on tient l'animal suspendu, la tête en bas, dans ces deux cas la pupille ne se resserre pas d'une façon manifeste. »

Si l'on vient à ouvrir le crâne d'un animal qui a été suspendu ainsi pendant quelque temps, on trouve, comme l'a vu Burrows [2], le cerveau plein de sang, et tous les vaisseaux de cet organe distendus. Regnard a répété cette expérience de Brown-Séquard, après avoir fait une ouverture de trépan au crâne, et voici ce qu'il a constaté sur un lapin : « Je le renversai, la tête en bas, en adossant au mur la planche à laquelle il était fixé. — Immédiatement, le cerveau, énormément tuméfié, rouge noirâtre, fait hernie comme une moitié de cerise à travers l'ouverture. Les yeux sortant littéralement de l'orbite, *la pupille est* plutôt contractée ; les mouvements du cerveau s'arrêtent, etc. »

[1] Communication à l'Académie des sciences, 1854. — Rapportée dans son livre sur les vaso-moteurs.

[2] Burrows, *Cerebral Circulation*.

J'ai reproduit moi-même plusieurs fois cette expérience.

Je dirai peu de chose de la section du grand sympathique au cou, tant ce phénomène est devenu vulgaire depuis que Cl. Bernard a repris l'expérience de Pourfour du Petit et que Brown-Séquard et d'autres en ont bien précisé les résultats. Lors de cette opération, la pupille se contracte; la face, les oreilles se vascularisent, et nous croyons pouvoir ajouter : le cerveau se congestionne. Je ne parlerai pas des deux premiers résultats, qui sont trop connus, mais je dois dire quelques mots du dernier, qui l'est beaucoup moins. C'est à Nothnagel qu'est due principalement la connaissance de ce fait. Il existait quelques expériences dont les résultats n'avaient pas tous été concordants. Callenfels et Schultze avaient bien trouvé les vaso-moteurs de la pie-mère, mais ils n'étaient pas d'accord sur leur origine. Nothnagel[1] conclut de son travail après des expériences où il a évité les causes d'erreurs autant que possible, « que la section du sympathique est suivie d'une dilatation des artères de la pie mère ; que l'arrachement du ganglion cervical supérieur détermine bien plus nettement encore la dilatation des artères, tandis que l'électrisation amène toujours la contraction. Enfin une vive excitation du nerf crural après la section du nerf sympathique ou l'arrachement des ganglions amène encore un rétrécissement des artères. » Ce qui semble prouver que quelques-uns des vaso-moteurs de l'encéphale ont leur origine plus haut, soit au pont de Varole, soit aux pédoncules.

Dans tous les cas, ils existent, c'est ce qui nous importe le plus et ce qui nous autorise à dire que, même alors que le crâne est fermé, parmi les phénomènes sympa'hiques provoqués par certaitaines conditions, ceux qui portent sur la face et la pupille *peuvent* aussi porter sur les vaisseaux de l'encéphale. Ce serait peut-être ici le lieu de parler de ces expériences de Claude Bernard[2], par lesquelles il démontre que les phénomènes oculo-pupillaires et les effets vasculaires et calorifiques qui se passent du côté de la tête peuvent ne pas se produire simultanément. « Lorsqu'on a soin de n'opérer la division que des deux premières paires dorsales et de le faire sans blesser la moelle ni le premier ganglion thoracique, » on voit le resserrement de la pupille et tous les effets habituels de cette opération sur l'œil, sans que les vaisseaux de la tête se dilatent et que la chaleur augmente. « Si parfois il arrive quel-

---

[1] *Virchow's Archiv*, 1867, et *Gaz. hebd.* (analyse).
[2] *Journal de physiologie*, 1862.

ques phénomènes calorifiques, ils ne sont que passagers et pourraient être considérés comme des résultats d'actions réflexes. » Cela
prouve, comme l'auteur le dit lui-même, qu'on peut établir une
distinction topographique entre les nerfs oculo-pupillaires et les nerfs
vasculaires calorifiques, quant à leur origine, mais ne prouve pas,
quoique M. Claude Bernard cherche à le démontrer plus loin, une différence complète de propriétés physiologiques.

Je ne parlerai pas des apoplexies de diverses natures, d'abord
parce que leurs causes peuvent être variées, ensuite parce qu'il peut
intervenir dans ces cas des lésions locales, qui, déterminant des
paralysies partielles, ôtent aux phénomènes congestifs leur caractère
de généralisation, et, nous l'avons dit, c'est sur ce terrain seulement que nous voulons nous tenir. Cependant j'aime, en pareille
matière, à citer Hammond[1], qui dit avoir vu près de six cents cas
de congestions cérébrales, dont cinq cents cas de congestion active. Il dit avoir remarqué dans le premier degré, en même temps
qu'une augmentation de volume des vaisseaux du fond de l'œil,
une congestion de la conjonctive et une contraction pupillaire.

Dans l'asphyxie, Faure[2] a fait une étude intéressante de ce qui se
passe du côté des yeux :

« C'est certainement du côté de l'iris que se présentent les phénomènes les plus remarquables; quel que soit l'état de cette membrane à l'instant où l'animal est soumis à l'expérience, à un moment
donné *on la voit se rétrécir*, et si, avant de commencer, on a eu la
précaution d'éprouver la sensibilité de la peau, on reconnaît toujours qu'à ce moment celle-ci a perdu de sa sensibilité, que souvent l'anesthésie est déjà très-prononcée. On peut, en dirigeant
l'asphyxie d'une certaine manière, obtenir dans le jeu de l'iris les
différences les plus variées. On le voit se rétrécir, s'ouvrir. Au moment de la mort, la pupille se dilate, à ce point que l'iris est
absolument invisible : *cela est constant.* »

Nous n'avons pas besoin, après cette description, de transition
pour passer aux effets du chloroforme : non pas que nous voulions
réveiller la théorie de M. Faure, qui prétend que le chloroforme
n'agit qu'en déterminant une asphyxie. Cette manière de voir a été
trop bien combattue par M. Vulpian (*Gazette hebdomadaire*), pour
qu'il y ait à y revenir. Nous voulons seulement dire en rappro-

---

[1] *Diseases of the nervous system.* — New-York, 1871.
[2] *Le chloroforme et l'asphyxie.* — *Arch. gén*, 1858.

chant ici les effets de l'asphyxie et du chloroforme, qu'il y a dans la première période de l'intoxication chloroformique une gêne de la respiration avec congestion encéphalique, qui ressemble beaucoup à celle de l'asphyxie, et, comme elle, s'accompagne de contraction pupillaire. Cependant les auteurs ne sont pas tous d'accord sur ce point. Les uns ont noté la dilatation, d'autres, le phénomène que nous indiquions tout à l'heure. Simonin [1], de Nancy, avait noté, dans l'éthérisation, deux fois de la dilatation et huit fois de la contraction ; dans l'administration du chloroforme, il rencontra cinq fois la dilatation et sept fois la contraction. Il attribuait cette contraction fréquente de la pupille à la disposition de la lumière dans la salle où il opérait. Il est possible que cette cause ne soit pas indifférente dans l'espèce ; mais nous ne pensons pas que ce soit la principale. Quant à cette diversité des résultats de l'observation, elle pourrait bien tenir à ce qu'on n'aura pas examiné la pupille au même moment de l'opération. En effet, pendant la période d'anesthésie complète, absolue, avec résolution totale, il y a en effet quelquefois dilatation pupillaire, et même, dans ces cas, il faut beaucoup de surveillance, car de là à la syncope il n'y a pas loin, et dans le relevé des morts par les anesthésiques fait par MM. Lallemand et Perrin, dans leur *Traité d'anesthésie chirurgicale* [2], huit fois le patient mort par syncope présentait, au moment de l'accident terminal, la pâleur générale et la dilatation pupillaire. Dans un certain nombre d'autres cas, la mort paraît être survenue de la même façon, mais l'état des pupilles n'est pas indiqué.

Quant à nous, nous avons souvent observé dans la première période d'anesthésie une contraction pupillaire ; quand nous avons vu le phénomène contraire, c'était en général au moment où le malade pâlissant menaçait de tomber en syncope, alors même que le résultat ne devait pas être fatal, et sur des animaux en expérience dont le crâne était ouvert, l'arrêt de la respiration, la dilatation pupillaire et l'affaissement des vaisseaux du cerveau étaient des phénomènes simultanés, les battements du cœur continuant encore pendant quelque temps, ce qui est conforme à certaines observations de MM. Perrin et Lallemand.

Nous rapprocherons du chloroforme l'alcool qui, en produisant l'ivresse, détermine, lui aussi, des phénomènes différents, suivant la

---

[1] *De l'éther et du chloroforme.* — Paris, 1849.
[2] Paris, 1863.

période de l'intoxication à laquelle on examine les sujets. Dans la première période[1] il n'y a que de l'excitation simple, nous passons. Dans la seconde, la face rouge, la tendance au sommeil, la contraction pupillaire, et dans la troisième, vertige, pâleur, vomissements, relâchement des sphincters et insensibilité; les pupilles se dilatent (Ogston). Que se passe-t-il alors du côté de la circulation cérébrale? Ces symptômes paraissent bien se rapporter à l'anémie, au contraire de ce qui semblait se passer dans la deuxième période.

Il y a peu de chose à dire du chloral, parce que, de toutes ces substances, c'est sans contredit celle qui agit le plus modestement, sans tout cet appareil de manifestations extérieures. Cependant, Liebreich[2] a parfaitement, dans deux de ses observations (XIII et XVII), suivi l'état de la pupille et observé « une diminution graduelle des pupilles qui devinrent très-étroites au moment du sommeil complet. » Je ne parle pas de ses expériences sur les grenouilles où, les doses étant relativement considérables, il observa de la dilatation. J'ai moi-même, chez un chien auquel j'injectai dans la veine crurale un gramme d'hydrate de chloral en solution, vu une dilatation pupillaire se produire presque immédiatement et la mort suivre de près. Mais ces faits ne peuvent pas servir à l'étude de notre sujet.

Nous avons déjà vu que, d'après Durham et Hammond eux-mêmes, quoiqu'ils aient de la peine à en convenir, l'opium congestionne l'encéphale; ajoutons tout de suite que la contraction pupillaire qui se produit sous son influence n'est contestée par personne. Nous reviendrons sur ses effets congestifs en parlant des observations cliniques (chap. III).

IV

Ainsi, dans cette énumération, nous avons vu que dans la plupart des cas certainement, et dans d'autres probablement, la congestion cérébrale et la contraction pupillaire étaient des phénomènes contemporains; nous allons compléter ce que nous avons déjà dit occasionnellement de la dilatation coïncidant avec l'anémie de l'encé-

---

[1] Lallemand, Perrin et Duroy. — Paris, 1860. — *De l'alcool et des anesth.*
[2] *Du chloral.* — Trad. — Paris, Germer-Baillière.

phale, et pour suivre le même ordre que tout à l'heure, commençons par la position ; nous n'aurons qu'à citer pour cela la deuxième partie de l'expérience de Regnard déjà indiquée (page 29).

« Je couche l'animal à plat-ventre, et les choses étant remises en l'état, je le dresse de nouveau verticalement, mais cette fois la tête en haut. Alors, presque immédiatement, en même temps que le cerveau pâlit et s'affaisse, la tête se renverse lentement et peu à peu en arrière ; en même temps le nez devient livide, et les yeux, l'allure de l'animal expriment cette sensation de malaise et de défaillance des gens qui tombent en syncope. La respiration devient courte et saccadés. En moins de deux minutes la sensibilité a complétement disparu. *Les pupilles sont dilatées.* »

Je puis citer, pour ma part, deux lapins placés sous l'influence du chloroforme, respirant d'ailleurs parfaitement bien, la pupille moyennement contractée. Le crâne était ouvert par le trépan. En soulevant doucement ces animaux, de façon à leur placer la tête en haut, l'arrêt de la respiration, la dilatation pupillaire et l'affaissement du cerveau se produisirent immédiatement. La mort était survenue dans une syncope et cette syncope était provoquée par l'a: émie cérébrale.

Quant aux conséquences que Regnard tire de son expérience, très-bien faite d'ailleurs, elles sont peu logiques : il veut voir dans cette syncope du coma, de la somnolence et dit que la congestion ne peut pas produire l'apoplexie, parce que son lapin congestionné n'en a pas eu. Ce qui prouve qu'il faudrait souvent préciser le sens des mots avant de discuter le fond des choses.

L'électrisation du sympathique produit aussi la dilatation pupillaire en même temps que l'anémie des vaisseaux de la pie-mère. Cela a été indiqué plus haut.

La syncope déjà notée à propos de la position debout chez des animaux habitués à la position horizontale, se produit aussi chez l'homme à la suite d'anémie plus ou moins intense et cela avec dilatation pupillaire[1]. Elle survient encore par la compression des carotides (voir plus haut), et, là aussi, il y a dilatation des pupilles (Brown-Séquard, Kussmaul et Tenner, Ehrmann). Il existe enfin des médicaments qui, indépendamment de leur action sur la substance nerveuse, ont encore pour effet de provoquer la contractilité

---

[1] Dans son chapitre *Anémie cérébrale* (*loc. cit.*), Hammond dit : « Les pupilles sont largement dilatées, se contractent lentement et seulement sous l'influence d'une lumière vive »

vasculaire; tels sont la belladone, le sulfate de quinine, le bromure de potassium. Nous pourrions les opposer à l'opium, mais ils ne sont pas assez simples dans leurs effets pour nous servir d'argument ici, nous préférons y revenir un peu plus loin.

Ainsi, nous avons voulu seulement établir, et nous croyons l'avoir fait suffisamment, qu'il existe un rapport entre l'état de la circulation des centres nerveux et le degré de la dilatation pupillaire ; rapport existant dans un trop grand nombre de cas pour pouvoir être considéré comme purement fortuit. Ajoutons que nous pensons que ce sont des phénomènes du même ordre physiologique.

Nous n'avons pas dit jusqu'ici quel était le mécanisme de la contraction pupillaire ; c'est par là que nous terminerons ce chapitre. En éliminant toutes les causes locales qui peuvent influer sur le diamètre du diaphragme oculaire, il reste deux modes d'action qui, tour à tour, ont accaparé l'attention et doivent tous deux jouer un rôle important.

Il est certain, en effet, qu'il existe dans l'iris des fibres musculaires indépendantes des vaisseaux, que ces fibres peuvent agir et agissent pour déterminer des mouvements de cet appareil; mais il n'est pas moins certain que le système vasculaire si développé de l'iris détermine, par suite des variations survenant dans le calibre des artères et des veines, une grande mobilité de cet organe. Rouget, d'ailleurs, a vu la pupille se contracter pendant une injection anatomique des vaisseaux de l'œil. Aussi, d'un côté, sous les influences ordinaires de la lumière, des excitations périphériques, des nécessités de l'accommodation, il pourra se faire dans l'iris des mouvements dus à l'influence directe des nerfs sur les fibres lisses qui lui sont propres ; mais d'un autre côté les mouvements pourront être la conséquence de modifications dans l'innervation vasomotrice de l'iris et c'est dans cette dernière catégorie que nous pensons devoir placer la contraction pupillaire qui survient pendant le sommeil.

En effet, la paupière est fermée, l'œil à l'état de repos se trouve dans des conditions exactement contraires à celles qui causent ordinairement la contraction ; il faut bien que le procédé soit différent. On pourrait bien objecter que l'œil n'ayant rien à voir, la distance pour laquelle il est accommodé ne dépasse pas le plan antérieur du globe oculaire. Mais cela est contraire à ce que l'on admet sur l'état de l'œil au repos en dehors du sommeil. Au lieu d'être accommodé pour une distance nulle ou extrêmement petite, il est accommodé pour l'infini ou, pour parler plus exactement, il y a pendant le repos simple une paralysie ou mieux encore une suspension de la faculté d'accommodation ; et l'iris, quoiqu'il n'ait qu'un rôle secondaire dans cette fonction est, lui aussi, à l'état de repos et en dilatation.

Il faut donc que la contraction pupillaire du sommeil soit due à d'autres causes que celles qui permettent le repos de l'œil à l'état de veille, et cette cause, nous pensons qu'elle existe dans la dilatation des vaisseaux de l'œil, et que cette dilatation vasculaire est peut-être due à une diminution d'action du grand sympathique[1].

La coïncidence de cette congestion oculaire et de la plus grande vascularisation de la tête et du cerveau, sous l'influence de la paralysie du sympathique, est déjà une présomption en faveur d'un état analogue dans le sommeil.

Nous allons voir, dans le chapitre suivant, si réellement le sommeil se rencontre plus facilement avec ces états congestifs, ou si, comme l'a dit Hammond, c'est exactement le contraire.

---

[1] Cette congestion des conjonctives sous l'influence du sommeil normal avait bien un peu embarrassé Durham, mais il s'en tire dans une note de son mémoire en disant que, pendant le sommeil, les yeux sont fermés et la membrane muqueuse au lieu d'être exposée à l'air est couverte, l'évaporation est prévenue et la chaleur maintenue. Comme conséquence, les vaisseaux sanguins sont relâchés et pleins de sang. On appréciera cette raison qui semble bien risquée. En effet, Durham n'aurait pas pu appliquer la même fin de non recevoir à la congestion des amygdales qui augmentent notablement la nuit chez les personnes atteintes d'angine et qui vont quelquefois jusque-là gêner la respiration. Mon ancien collègue et ami, Carville, citait même dernièrement, à la Société anatomique, un cas dans lequel il se faisait, pendant le sommeil, outre cette congestion, de petites hémorrhagies à la surface des amygdales.

CHAPITRE III

DES RAPPORTS ENTRE CERTAINS ÉTATS DE CONGESTION
OU D'ANÉMIE CÉRÉBRALE, D'UN COTÉ, ET LE SOMMEIL OU L'INSOMNIE,
DE L'AUTRE.

De même que nous avons cherché dans le chapitre précédent s'il y avait un rapport entre l'état de la pupille et l'état d'anémie ou de congestion du centre nerveux, de même nous allons chercher, en nous servant des mêmes moyens, si les phénomènes genéraux qui produisent l'anémie ou la pléthore favorisent le sommeil ou l'éloignent. Aussi allons-nous encore faire repasser devant les yeux les influences de la position, celles de la diminution du sang par hémorrhagie ou ligature des vaisseaux, et l'augmentation de l'afflux de ce liquide après une transfusion, puis l'influence de certains médicaments ; enfin nous verrons jusqu'à quel point on peut rapprocher des anémies absolues, ces anémies relatives liées à une altération du sang dans lesquelles ce sont principalement les qualités nutritives du sang qui ont disparu plutôt que la quantité.

I

Et d'abord nous prendrons les cas les plus simples, ne voulant pas équivoquer sur les mots de pléthore et d'anémie.

Sans tomber dans l'exagération de ceux qui, prenant le coma comme dernier terme des phénomènes congestifs qui produisent la compression cérébrale, y ont assimilé le sommeil, nous pourrons du moins rechercher si ceux qui par réaction en ont fait une syncope ont été plus heureux.

Voyons donc avec lequel de ces deux états le sommeil a le plus d'analogie.

Les défenseurs de la compression cérébrale décrivaient toute une série de phénomènes intermédiaires entre l'état normal et la mort par congestion, qui sont la somnolence, le coma, la léthargie, le carus.

Je ne parlerai donc pas des cas dans lesquels un coma complet est avec la paralysie le seul symptôme du raptus sanguin qui se fait vers l'encéphale au moment d'une hémorrhagie.

Je n'insisterai pas non plus sur l'assoupissement profond qui se rencontre presque constamment chez les individus atteints d'hémorrhagie méningée. Dans ces cas, sans qu'il y ait de paralysie proprement dite, on observe des individus n'ayant pas perdu connaissance, ayant encore quelques vagues perceptions des excitations extérieures, pourvu qu'elles soient un peu intenses, qui retombent dans la même somnolence immédiatement après que ces excitations ont disparu. C'est dans cet ordre de faits qu'on a rangé toutes ces observations de compression cérébrale. J'ai présent à la mémoire un malade atteint d'hémorrhagie dans une néo-membrane de la dure-mère, qui n'avait d'autre symptôme que cet assoupissement dont nous parlons. La substance cérébrale était en même temps fortement congestionnée. J'ai vu présenter à la Société anatomique un cas tout à fait analogue par mon ami Malherbe (1871). Regnard dit bien qu'on ne peut pas conclure de l'état du cerveau sur le cadavre à l'état pendant la vie, et il a parfaitement raison. Pour les troubles fonctionnels qui portent sur la plus ou moins grande vascularisation d'un tissu, on ne peut pas conclure du cadavre à l'individu vivant. Mais si, en voyant un cerveau exsangue, on ne peut pas affirmer qu'il n'ait pas été congestionné pendant la vie, au contraire en trouvant un cerveau congestionné, on serait peut-être mal venu à dire qu'il était exsangue avant la mort.

D'ailleurs il est certain que bien des symptômes qui étaient attribués à la congestion encéphalique ont pu, depuis qu'on connaît bien la pathogénie du ramollissement, passer à l'actif de l'anémie cérébrale. Mais il reste toujours un certain nombre de phénomènes qu'il nous paraît difficile de classer dans cette catégorie, telles sont les observations de Andral, placées sous le nom de congestion cérébrale, dans lesquelles il restait à l'autopsie une injection considérable de la substance des hémisphères; tels sont les vertiges pléthoriques, « avec rougeur de la face, tension et gonflement des veines, hébétude, tendance au somm il, battements artériels très-forts, pouls plein, large, développé sans fièvre. » (Trastovr, cité par Blondeau.)

J'ai encore à citer la description de la pléthore sanguine de M. Bouillaud, état qu'il distingue avec grand soin de l'anémie :

« La pléthore sanguine d'un degré léger ou moyen se reconnaît à la vive coloration de la face, à l'injection, à l'état des yeux, à la teinte animée de toute la peau, à la saillie, au gonflement, à la turgescence des veines extérieures, à l'augmentation de volume, à l'ampleur, à la plénitude du pouls, à la disposition aux hémorrhagies, à l'épistaxis en particulier, à l'augmentation de l'embonpoint général avec fermeté des chairs, à un sentiment de pesanteur, de lourdeur générale, à une certaine tendance au sommeil.

« S'il existe un degré plus prononcé de pléthore, tous les phénomènes indiqués précédemment sont eux-mêmes plus prononcés : le visage est d'un rouge pourpre, le teint enluminé, les yeux brillants, le sentiment de lourdeur du corps en général et de la tête en particulier est plus marqué ; oppression, essoufflement, palpitations à la moindre fatigue ; de temps en temps, étourdissements, vertiges, céphalalgie gravative, éblouissements, tintements d'oreilles, somnolence, répugnance pour les exercices musculaires. »

Je citerai un exemple de cet état pris dans le traité d'*Anatomie médico-chirurgicale* de M. Richet :

« Je donnais des soins, il y a quelques années, avec MM. les professeurs Velpeau et Nélaton, à un homme de cinquante ans, de moyenne stature, chez lequel le tissu adipeux s'était développé à ce point qu'il pesait 270 livres; il ne trainait qu'à grand' peine son énorme et informe masse... Il était, dans les derniers temps de sa vie, persécuté par un assoupissement continuel, pendant lequel on voyait ses muscles agités de tressaillements convulsifs, et cet assoupissement était tellement impossible à maîtris r, qu'il dormait en mangeant, malgré un appétit que rien ne pouvait satisfaire... Ce qui ne rend pas douteux pour moi que cet assoupissement irrésistible fût dû à la compression des centres nerveux par la trop grande quantité de sang veineux qui remplissait les plexus rachidiens et les sinus crâniens, c'est que toutes les fois qu'on lui pratiquait une saignée, il restait plusieurs jours sans aucune tendance au sommeil.

Nous pensons qu'il nous serait facile de trouver un certain nombre d'observations analogues; mais nous ne voulons pas continuer dans ce sens. Nous ne voulons pas procéder en reprenant les arguments employés de tout temps en faveur de la congestion; nous avons bien plutôt à rechercher si la théorie de l'anémie s'applique mieux que l'autre à l'explication de l'état fonctionnel que nous étudions.

II

Depuis les expériences de Durham, il est de mode d'établir une comparaison rigoureuse entre l'activité du cerveau et la quantité de sang qui circule dans ses vaisseaux, les phénomènes d'excitation, tels que le *délire*, l'*insomnie*, appartenant surtout à l'augmentation d'activité de la circulation, les états de dépression, *coma, sommeil*, devant être rangés sous l'influence d'une diminution du liquide sanguin; mais nous allons bien voir que ce rapport n'est ni constant ni nécessaire; et du reste on a bien été obligé, devant l'évidence, de faire une exception pour les convulsions, qui se lient principalement aux symptômes d'anémie.

Quels sont donc les phénomènes d'une anémie un peu prononcée? Commençons par les cas extrêmes. C'est dans les hémorrhagies principalement que nous en trouverons des exemples frappants.

Ce sont, par ordre d'intensité : des vertiges qui n'ont rien de spécial ; c'est là un symptôme commun et qui n'implique en rien l'état de la circulation ; puis viennent les convulsions et enfin la syncope. Une foule d'expériences et d'observations sont là pour bien établir ces faits. Ils sont admirablement bien décrits dans la thèse d'Ehrmann (Strasbourg, 1858) que nous avons déjà si souvent citée.

Au moyen des hémorrhagies brusques on obtient la syncope immédiate. Si la perte de sang a été moins brusque, il n'y a pas toujours perte de connaissance, mais des convulsions (Kellie, Piorry, Kussmaul, Tenner, etc.). Ce ne sont pas seulement les expériences qui ont démontré ce fait, la clinique l'a mis à chaque instant sous les yeux des observateurs.

Hirigoyen cite une jeune fille chlorotique qui, sous l'influence d'une saignée de 200 grammes, eut des convulsions avec paralysie complète d'un côté, qui dura 20 minutes [1].

C'est bien par anémie cérébrale que l'on détermine la syncope en saignant des malades assis, de même que Marshal-Hall provoquait le même accident sur des animaux en opération, en leur élevant la tête, et le faisait disparaître en la leur abaissant. Mais nous reviendrons tout à l'heure sur l'influence de la position sur les manifestations des phénomènes cérébraux et sur les conséquences que nous pensons pouvoir en tirer.

Avec les hémorrhagies, c'est la ligature des carotides qui a fourni le plus de matériaux à l'étude de l'anémie cérébrale. Nous avons rapporté déjà à d'autres points de vue les expériences d'Ehrmann, de Kussmaul et Tenner, nous n'y reviendrons pas; elles ont toujours donné les mêmes résultats, des convulsions ou de la syncope.

C'est encore la syncope que produit Fleming dans sa fameuse expérience de la compression de la carotide au cou.

Voici les symptômes obtenus par Jacobi d'après quelques centaines de cas : « obscurcissement immédiat de la vue, vertiges, tintements d'oreilles, sentiment d'anéantissement indéfinissable, défaillance, perte de connaissance, quelquefois même résolution subite apoplectiforme. »

Mais voici du reste la description de Fleming, avec les réflexions dont il la fait suivre [2].

« En préparant une leçon sur le mode d'action des médicaments narcotiques, je voulus essayer l'effet de la compression des artères carotides sur les fonctions du cerveau. Je priai un de mes amis de faire la première expérience sur moi-même. Il comprima les vaisseaux à la partie supérieure du cou, et eut pour effet de déterminer immédiatement un profond sommeil. Cette expérience a été fréquemment répétée avec succès sur moi, et je l'ai vue réussir plusieurs fois sur d'autres. Il est quelquefois difficile de mettre le doigt sur les vaisseaux; mais une fois qu'ils sont sous le pouce, l'effet est net et immédiat. Il se produit un sourd bourdonnement d'oreilles, une sensation de tintement qui semble courir au-dessus du corps, et en quelques secondes une perte de connaissance et une insensibilité complète qui continuent aussi longtemps que dure la compression.

[1] Constatt's *Jahrsb.*, 1853, t. III, p. 69.
[2] Fleming, *Brit. and Foreign*, etc., 1855, p. 529, t. 1.

« A la cessation des phénomènes, les idées sont confuses et la sensation de tintement se reproduit, et en quelques secondes la connaissance reparait. La face pâlit; le pouls est petit, quand toutefois il est modifié.

« Pendant le sommeil profond, la respiration est stertoreuse, mais libre cependant ; les inspirations sont profondes. L'*esprit rêve* avec beaucoup d'activité, et quelques secondes paraissent être des heures, en raison du nombre et de la rapidité des pensées qui traversent le cerveau.

« Les expériences n'ont jamais causé de nausées ou d'autres phénomènes désagréables, excepté dans deux ou trois cas un peu de langueur. La période de sommeil profond dans mes expériences a rarement dépassé vingt-cinq secondes, et jamais une demi-minute. »

Voilà ce que Hammond appelle le sommeil ou un état analogue (*sleep or a condition resembling it*), et ce fait est devenu classique. M. Bordier l'admet, tout en faisant dire à Fleming, sans doute par une erreur du traducteur ou du typographe, que la compression portait sur la veine jugulaire. Or nous avons vu que telle n'était pas l'intention de l'auteur. Néanmoins, comme Brown-Séquard l'a fait remarquer et comme nous l'avons déjà dit plus haut, il doit être excessivement difficile d'appliquer les pouces sur les carotides sans appuyer quelque peu sur les vaisseaux veineux du cou, ce qui complique l'expérience et peut en changer le sens. Néanmoins, ce qu'il nous faut surtout retenir ici, c'est que, par ce procédé, on obtient non pas du sommeil, mais bien une syncope par anémie cérébrale.

Enfin, le délire n'est pas rare dans les cas d'hémorrhagies abondantes. On le note fréquemment à la suite de pertes utérines, à la suite d'opérations sanglantes. Je me rappelle pour ma part avoir vu à Bicêtre un malade qui subit une amputation de cuisse. La compression ayant été mal faite, la perte de sang fut énorme. Un délire avec hallucinations nombreuses et variées s'empara de lui, délire tout à fait semblable à celui d'un alcoolique dans la période d'excitation.

Mais nous ne pouvons pas plus nous servir de ces états violents pour les comparer au sommeil, que nous ne l'avons fait du coma que cependant répudiaient si hautement les défenseurs de l'anémie cérébrale, et dans l'étude de ces anémies intenses produites rapidement, nous n'avons pas trouvé ces transitions, ces états intermédiaires qui excusaient au moins les comparaisons.

Voyons donc si nous pourrons tirer plus de renseignements des états d'anémie profonde et lente dans lesquels sont jetés les individus atteints de maladies chroniques.

Nos recherches sur ce sujet ont été difficiles ; en effet, l'état du sommeil n'est que fort rarement indiqué dans les observations, cependant nous rapporterons quelques faits intéressants.

Sigmund [1] parle d'une insomnie qu'on rencontre assez souvent chez des syphilitiques longtemps après la cessation des accidents. Cette insomnie coïnciderait d'ailleurs ordinairement avec un état d'anémie très-prononcée et ne céderait en même temps qu'à l'influence d'un traitement spécifique, à l'aide des toniques, bains, lotions, exercices.

Neudœrfer [2] rapporte un fait très-curieux et qui mérite d'être cité. « Chez des sujets réduits au dernier degré de marasme par des suppurations prolongées, la perte de l'appétit et *du sommeil* faisait du rétablissement par les ressourses diététiques ordinaires une impossibilité... La transfusion fut faite chez cinq d'entre eux, l'amélioration fut manifeste, le pouls prenait plus d'ampleur et de force ; les malades *jouissaient d'un sommeil* réparateur que les préparations narcotiques n'avaient pu leur procurer, l'appétit se réveillait. » Je puis bien mettre ce fait en opposition avec l'observation intéressante de M. Richet que j'ai prise pour type d'assoupissement par congestion. Là, la somnolence disparaissant sous l'influence d'une saignée, ici, la transfusion procurant un sommeil calme et réparateur. J'ai relu un assez grand nombre d'observations de transfusion et je n'ai trouvé au sujet du sommeil aucun renseignement ; il eût été utile de savoir si les cas remarquables de Neudœrfer doivent rester les seuls de cet ordre.

L'insomnie est encore souvent notée dans les observations d'anémie et de chlorose, mais ici, les phénomènes sont déjà très-complexes : il ne s'agit plus seulement d'une diminution de la quantité du liquide nutritif, mais encore d'une altération de sa qualité. De plus, les phénomènes nerveux si fréquents dans la chlorose peuvent induire en erreur sur la cause de l'insomnie.

Ehrmann dit que l'anémie cérébrale se rencontre chez des chlorotiques, des jeunes filles délicates, des mères trop longtemps nourrices, et, dans ces cas, les symptômes en sont : « une céphalalgie

---

[1] OEsterreich. *Zeitschr.*, n° 41, 1856, et *Gaz. hebd.*, 1856.
[2] *Gazette hebd.* (analyse), 1860.

habituelle, générale ou partielle, changeant de place ou fixe, vertiges, éblouissements, bourdonnements d'oreilles, visage pâle, *somnolence*, tressaillements involontaires, *sommeil agité*, etc. »

Il ajoute que ces phénomènes s'amendent quand le malade est couché, la tête en bas, ordinairement aussi après l'ingestion de quelque nourriture ; nous allons reprendre tout à l'heure ce fait de l'influence de la position sur la manifestation de quelques-uns des symptômes liés aux états pathologiques ou normaux de l'encéphale. Pour le moment, continuons à rechercher si l'insomnie est commune chez les chlorotiques.

Nous avons compulsé quelques observations dans lesquelles l'état du sommeil était noté. Nous n'avons pas trouvé qu'il y eût un rapport constant entre l'anémie apparente et la difficulté de se livrer au sommeil, nous n'avons pas trouvé non plus que le rapport inverse pût être établi. Plusieurs des malades que nous avons étudiées avaient une insomnie très-réelle, durable, et ne disparaissant qu'au bout de quelque temps de séjour à la campagne, alors que, la nutrition se faisant mieux, les couleurs et les forces étaient revenues. D'autres dormaient à peu près d'une façon normale ; enfin, j'ai vu dans le service de M. Gubler une jeune fille de dix-huit ans qui avait au contraire une somnolence assez marquée. Il est vrai que la malade avait des vertiges continuels qui empêchaient absolument la station debout et l'obligeaient à garder le lit ; par conséquent, toujours dans la position horizontale, la facilité au sommeil pouvait, quoiqu'elle eût une anémie intense, résulter d'un afflux plus grand du sang vers les centres nerveux.

Mais je dois dire tout de suite qu'il n'est pas impossible d'admettre que le sommeil ne puisse avoir lieu dans les conditions d'anémie même très-prononcée. En effet, il faut bien distinguer deux conditions essentielles dans la production du sommeil : 1° le fait même de l'intermittence dans l'activité du système nerveux ; pour que celui-ci se produise, il suffit qu'il y ait eu une fatigue considérable ; et 2° le fait de la réparation de ce système épuisé. La première de ces conditions peut exister, les éléments nerveux peuvent cesser toute action sans que la réparation se fasse d'une façon suffisante ; ce n'est alors qu'un temps d'arrêt dans la perception des sensations et dans la vie extérieure ; mais lorsque cette période cesse, la fatigue est à peu près la même, les vertiges et tous les phénomènes accompagnant l'exercice d'un système nerveux insuffisamment nourri recommencent. Il n'y a pas eu de sommeil complet.

III

Revenons à l'influence de la position sur la circulation cérébrale et voyons si réellement la position horizontale favorise et active l'afflux du sang dans l'encéphale.

Il semble puéril de discuter cette question et cependant nous devons le faire, puisqu'on y a puisé des arguments en faveur de l'anémie du cerveau dans le sommeil.

Fleming, après sa célèbre expérience, ajoutait : « Il n'est pas déraisonnable de faire cette conjecture que le sommeil peut être causé ou entretenu par la contraction des muscles et une position forcée du cou *comprimant les carotides* et diminuant l'apport du sang et sa pression dans le cerveau. » Or, il ne semble pas téméraire de dire que l'état des muscles du cou dans le sommeil ne ressemble en rien aux conditions nécessaires à la production de l'effort par exemple, et que si celui-ci peut produire la diminution du sang circulant dans les carotides, nous n'avons aucune raison de croire qu'il en soit de même dans la position nécessitée par le sommeil normal, nous allons au contraire citer un certain nombre de faits qui prouvent le contraire.

Nous avons déjà vu les convulsions des hémorrhagiques disparaître sous l'influence de la position ; la syncope dans les cas d'intoxication par le chloroforme cesse souvent lorsqu'on met les individus qui en sont atteints la tête en bas.

Hermann cite un certain nombre d'individus anémiques chez lesquels la position horizontale rétablit l'exercice des facultés cérébrales rendues impossibles par la station debout :

Un homme de 30 ans, sourd quand il est debout, entend avec facilité quand il est couché. (Abercrombie.) Un jeune homme avait la conception plus facile lorsqu'il avait les pieds placés plus haut que la tête. (Bricheteau.). Un jeune garçon de douze ans, délicat, apathique ou morose lorsqu'il était debout, s'animait lorsqu'il était couché, devenait loquace et très-vif d'intelligence. (Combes).

Kuss y ajoute le fait d'un enfant nouveau-né ayant des convulsions à gauche s'il était couché sur le côté droit, et ayant des convulsions à droite s'il était couché sur le côté gauche. Ces faits pourraient être retournés contre nous. Je ne les cite que pour montrer l'afflux du sang modifié par la position. Il nous sera facile d'en faire l'application au sommeil. La position horizontale est la position habituelle d'un homme qui dort. Je sais bien qu'on peut dire qu'elle est un résultat et non une cause ; que par conséquent l'argument est de nulle valeur ; que les animaux peuvent dormir sans changer de position, etc., mais ce fait n'est pas exact d'une façon générale. En effet les animaux cèdent aussi en tout ou en partie à l'influence de la pesanteur ; pendant le sommeil, beaucoup de quadrupèdes placent leur tête sur le sol. Un grand nombre d'oiseaux mettent la tête sous l'aile, etc. J'ajouterai que souvent aussi la position est une cause et non un effet du sommeil. Il suffit, chacun l'a éprouvé, de se mettre sur un plan fort incliné ou dans la position horizontale pour avoir de la tendance au sommeil, et même souvent pour dormir avec une grande rapidité.

On a beaucoup cité en faveur de l'anémie cérébrale pendant le sommeil l'expérience faite au moyen du lit rotateur de Darwin. Voici en quoi consiste cet appareil :

Un plan horizontal est mobile autour d'une colonne verticale à laquelle il est fixé lui-même par une de ses extrémités. Le malade y est couché, la tête contre la colonne. L'appareil est animé d'un mouvement rotatoire plus ou moins rapide. La force centrifuge attire le sang vers les extrémités.

Cet appareil a été appliqué principalement dans des asiles d'aliénés, pour obtenir le sommeil chez des gens atteints de délire continu. Mais tous les médecins ne paraissent point l'avoir appliqué de la même façon. Esquirol l'avait introduit en France. Il fut employé par lui, par Martin, de Lyon, par Odier, de Genève. Les effets ne furent pas favorables d'une façon générale. On obtint des syncopes, des évacuations abondantes par haut et par bas. En somme un cortége de symptômes assez effrayants qui l'ont fait rapidement abandonner. Quant à Marcé qui mit les pieds au centre du mouvement et la tête à la périphérie, il obtint lui aussi des phénomènes fort graves. En somme il n'en conseille pas l'emploi et dit qu'il faut craindre une congestion cérébrale. Nous n'avons pas à étudier ici cette machine, non plus que d'autres du même genre au point de vue du traitement de l'aliénation mentale; nous voulions seulement indiquer son emploi, et quoique nous n'ayons pas trouvé d'observations analytiques sur ce sujet, il n'en résulte pas moins pour nous que cette machine n'a pas produit le sommeil en produisant l'anémie cérébrale comme Hammond le donne à penser Du reste l'idée de Darwin était toute autre, et voici le passage de sa *Zoonomie* dans lequel on voit naître l'origine de cet appareil : « Un fameux ingénieur hydraulique, M. Brindley, m'a fait part d'un autre moyen de provoquer le sommeil mécaniquement. Il m'a raconté avoir vu souvent l'expérience d'un homme qui se couchait en travers sur une grande meule de moulin, et qu'en la mettant graduellement en mouvement, il s'y endormait avant qu'elle n'eût atteint toute sa vélocité. Dans cette expérience, le mouvement centrifuge de la tête et des pieds doit accumuler le sang dans les deux extrémités du corps et par conséquent comprimer le cerveau. »

Il ajoutait du reste que le mouvement accéléré et prolongé pourrait sans doute aller jusqu'à produire la mort.

Marcé est bien le médecin qui s'est le plus rapproché des conditions de cette expérience première, mais les autres auteurs étaient peut être plus logiques s'ils voulaient atténuer l'état de congestion encéphalique si fréquent chez un grand nombre de leurs malades.

Quoi qu'il en soit, ces expériences ne nous apportent pas de faits à l'appui de la production du sommeil par anémie. Elles seraient plutôt, et en particulier l'expérience de Brindley, en faveur de la congestion, sans présenter cependant les conditions de rigoureuse exactitude nécessaires à une démonstration.

Du reste, il n'est pas certain que les modifications de la circulation soient les seuls produits de cette opération : on peut supposer aussi des modifications de l'innervation analogues à celles que produisent le balancement, le bercement, phénomènes que nous aurions bien voulu étudier ici, mais dont nous ne connaissons nullement la nature.

IV

Il est d'autres procédés physiques pour produire le sommeil sur lesquels nous ne nous arrêterons pas longtemps, n'ayant pas de certitude sur leur mode d'action; nous devons en parler cependant, parce que Durham, et après lui Hammond, ne faisant que reproduire les arguments de son prédécesseur, ont fait, à leur sujet, des hypothèses qu'ils regardaient comme indiscutables.

C'est à ce titre que je rapporterai l'opinion de ces auteurs sur l'influence de la digestion, de la chaleur, du froid relativement à l'établissement du sommeil.

La période qui suit un repas et surtout un repas copieux dispose très-certainement à l'inaction et au sommeil. Mais par quel mécanisme? Pour Durham, c'est l'anémie, bien entendu; toujours l'anémie! Le sang des viscères inoccupés au grand acte de la digestion afflue vers l'estomac, et le cerveau entre dans cette période de torpeur due à l'absence d'une partie du sang qui a pour fonction de l'exciter. Mais on voit bien que l'auteur avait sa théorie toute prête et que nous n'avons ici qu'une explication faite après coup d'un phénomène incomplétement compris. C'est au moment où l'estomac travaille, où il absorbe le plus, qu'on trouve les vaisseaux gorgés de sang, ainsi que ceux du tube intestinal. Rien de plus simple, et si l'on vient à sacrifier l'animal en digestion, on constate ce fait d'une façon évidente. Mais s'ensuit-il que les autres organes subissent une déplétion proportionnelle à ce moment même où l'absorption est rapide, où le sang se voit augmenté d'un grand nombre de matériaux nouveaux, principalement des liquides. Il nous semble bien plus probable que c'est exactement le contraire qui doit arriver; que la quantité totale du liquide se trouvant augmentée, la pression intra-vasculaire doit d'abord s'accroître dans le système porte, et indirectement dans tout l'arbre circulatoire.

En appliquant cette idée de dérivation aux phénomènes nerveux, en disant que, l'appareil encéphalo-rachidien et ganglionnaire étan occupé à faciliter la digestion, les forces nerveuses étaient détournées de leur emploi à l'intelligence et au mouvement, les auteurs fussent restés tout autant dans l'hypothèse; mais au moins celle-ci eût été beaucoup plus vraisemblable.

Quant à la chaleur, les mêmes auteurs emploient encore le même argument. Il est bien certain que le séjour dans une atmosphère très-échauffée « produit en général l'assoupissement, et éventuellement le sommeil si son action est assez prolongée[1]: » Il est positif que, sous cette influence, il y a une congestion périphérique assez manifeste comme effet de la dilatation des petits vaisseaux. Mais y a t-il par cette raison même moins de sang dans les organes viscéraux? Ces messieurs l'affirment; nous avouons que nous n'en savons rien. Ici la masse totale du sang reste la même; il faut bien, en effet, qu'il y ait une compensation quelque part; mais qui prouve

[1] Hammond, *op. cit.*, p. 35.

que cette compensation se fasse d'un viscère à l'autre ? N'est-ce pas
bien plutôt entre les troncs artériels d'un côté et les petits vaisseaux
et les capillaires de l'autre, que se passe cette espèce de balancement fonctionnel. En effet, les capillaires sont dilatés, c'est incon-
testable, mais les troncs artériels sont relativement diminués de calibre comme nous allons voir par l'examen de la pulsation artérielle.
L'élasticité des artères a pour effet principal de transformer le jet sac-
cadé en écoulement continu (Ehrmann). La pulsation est la condition
nécessaire de cette transformation. — Or, dans les diverses circonstances dont nous parlons, lorsqu'il y a congestion périphérique
(comme dans la fièvre), l'amplitude de la pulsation augmente,
ce qui veut dire que la tension dans l'intérieur du vaisseau a diminué
(Marey). Les tracés sphygmographiques pris sur des artères moyennes montrent une ligne d'ascension très-brusque et très-élevée, et
comme cette ligne d'ascension n'indique jamais qu'une différence
entre l'artère au moment de l'ondée sanguine et la même artère au
moment où sa propriété élastique la réduit à son calibre de repos,
on peut en déduire que le diamètre des vaisseaux moyens est diminué quand les petits ont subi une dilatation. — Nous avons pris pour
exemple la fièvre, parce que c'est démontré pour elle ; mais le même
raisonnement est tout autant applicable à la congestion périphérique née sous l'influence d'une chaleur intense.

Les indications tirées des modifications de la tension artérielle ne
prouvent pas que la diminution de la quantité du sang dans les vaisseaux des organes éloignés ne soit pas réelle ; elles prouvent seulement
que cette diminution n'est pas une conséquence nécessaire de la congestion périphérique, puisque l'élasticité des artères supplée à ces différences de volume. — Nous ajouterons qu'il est fort possible que la
chaleur n'agisse pas seulement sur la périphérie, mais encore sur tout
l'individu, et que ce qui se passe pour la peau se produit encore pour
d'autres organes. Cela est même probable, si l'on s'en rapporte à la
comparaison des symptômes entre l'état d'un homme qui s'endort à
la suite d'un bon repas, de celui qui est dans le même état sous
l'influence d'une température exagérée, et enfin de ces pléthoriques
toujours prêts à manger et à dormir. — Nous ne pouvons pas admettre avec Durham que ces symptômes soient le résultat de l'anémie cérébrale.

Sans doute il peut arriver que la rougeur et la congestion de
la face n'indique pas un état analogue des centres nerveux, mais
c'est quand quelque raison locale intervient pour modifier les con-

ditions ordinaires de la circulation. Nous avons déjà cité l'effort pendant lequel la circulation carotidienne est interrompue par la compression produite par le corps thyroïde ; nous pourrions citer encore l'anémie cérébrale trouvée chez des pendus (Tardieu) alors que la face est violette et les vaisseaux distendus, par suite d'une compression exercée sur les veines du cou. — Ces faits n'ont rien à voir dans notre sujet.

Quant au froid, il fait contracter les vaisseaux. — Il augmente la tension artérielle, mais fait-il augmenter la quantité de sang dans les viscères, et en particulier dans le cerveau, pour y produire l'insomnie. Le fait n'est pas impossible, mais reste à démontrer ; et d'ailleurs nous pensons bien plutôt que l'insomnie est due dans ces cas aux impressions pénibles et multiples qui excitent constamment les centres nerveux, et ce qui tendrait à me confirmer dans cette opinion, ce sont ces malheureux exemples de mort par le froid dans lesquelles un assoupissement profond[1] et un sommeil dont il n'est plus possible de sortir saisissent les individus qui restent exposés à un froid trop prolongé. Ces phénomènes d'assoupissement se produisent alors que la sensibilité est absolument éteinte.

Nous terminerons donc cette discussion sur le froid, le chaud et la digestion, en disant que, quand, pour pouvoir s'endormir, on se chauffe les pieds, quand, dans le même but, on met dans son estomac un peu de pain et un verre de vin, on ne cherche pas, comme le prétendent les inventeurs de l'anémie du sommeil, à faire dériver un peu de son sang vers l'estomac ou vers la périphérie afin d'en débarrasser le cerveau ; on cherche surtout à supprimer des sensations désagréables, tout comme on évite une lumière trop intense et un milieu trop bruyant.

V

J'arrive à l'influence de quelques médicaments sur le sommeil et à leur mode d'action. Nous en avons déjà parlé en reproduisant les expériences faites avec eux. Mais il est très-difficile de distinguer ce qui dans un de ces médicaments a une action directe sur le système nerveux, et quelle est la part des intermédiaires en particulier

---

[1] Look, Solander, Hammond.

du système circulatoire. — De plus toute médication suppose un trouble symptomatique, et on sait que des troubles symptomatiques analogues peuvent être produits par des états pathologiques fort différents. Nous l'avons déjà vu à propos du vertige, des étourdissements, nous le verrons encore à propos de l'insomnie et des médicaments divers qui ont été proposés contre elle. Il n'y a pas en effet de médication hypnotique : il y a des médicaments qui, prenant un système nerveux en état de congestion, d'anémie, ou de simple excitation sensitive ou motrice, modifient ces conditions de façon à le rapprocher de la normale. Aussi verrons-nous réussir dans l'insomnie des médicaments dont l'action expérimentale est fort diverse.

Celui-ci s'adressera à un état congestif en diminuant le calibre des vaisseaux ; celui-là améliorera un cerveau anémié en facilitant la circulation et par suite la nutrition; d'autres atteindront directement le système nerveux, en atténuant ou en exagérant son excitabilité. Nous ne voulons pas entrer à fond dans l'étude des médicaments qu'on a opposés à l'insomnie; nous n'en avons pas le temps, et, d'ailleurs, il nous faudrait encore un certain nombre de preuves expérimentales qui nous manquent pour être fixés sur leur compte. Nous voulons au moins dire quelles ont été les hypothèses faites en faveur des principaux de ces médicaments et quelles sont celles qui ont pour elles la vraisemblance. Ce sera un raisonnement par analogie plutôt qu'une démonstration véritable. M. Sée, dans le petit traité de thérapeutique annexé à son article *Asthme* du *Dictionnaire de médecine et de chirurgie pratiques*, consacre à l'opium ces quelques lignes : « L'opium jouit de la faculté de congestionner l'encéphale. C'est là une opinion généralement reçue. Ekker l'a vivement combattue et ses recherches sur des chiens et des chevaux narcotisés ont *démontré* au contraire qu'il existe, en général, un degré assez marqué d'anémie cérébrale; *que la congestion qui est exceptionnelle n'est jamais marquée par une véritable plénitude ni dilatation des vaisseaux.* » et c'est tout.

M. Sée a sans doute compris ce que voulait dire Ekker; quant à moi qui n'ai pas pu recourir à l'original, cette nouvelle espèce de congestion ne m'a pas donné le désir de rechercher ce que pourrait bien être l'anémie comprise par ces auteurs; en réalité, de tout temps l'opium a passé pour agir en produisant la congestion du cerveau; ce n'est guère que depuis qu'on a trouvé que le sommeil pouvait coïncider avec l'anémie et qu'on a transformé en règle cette exception, ce n'est, dis-je, que depuis ce moment que l'opium est devenu un anémiant du cerveau, et nous avons vu de quels arguments on s'est servi. Nous renvoyons pour cela aux expériences de Durham et à celle de Hammond[1] que nous avons citées tout au long avec intention, pour bien montrer comme elles prouvent peu ce qu'elles ont pour but de prouver.

Reportons-nous à la note que M. Gubler lisait en 1858 à la Société médicale des hôpitaux, dans laquelle, d'une façon concise aussi, mais claire, il expose sa manière de voir :

« Porté dans la circulation, l'opium détermine une excitation particulière, donne de la plénitude au pouls, élève la température, augmente l'injection des téguments et pousse à la diaphorèse. Le visage s'enlumine, les yeux deviennent brillants et comme humides, les pupilles ponctiformes, la peau s'humecte ou même se couvre d'une abondante sueur, puis le sommeil s'empare du sujet. — Tous ces phénomènes sont des phénomènes de congestion, et l'opium semble produire dans tout l'organisme ce que produit dans la face la section du cordon cervical du grand sympathique[2]. » Puis établissant la comparaison entre le sommeil et les effets de l'opium : « En première ligne, rétrécissement de la pupille dans le sommeil spontané comme dans le narcotisme thébaïque ; injection des conjonctives ainsi que des vaisseaux radiés du pourtour de la cornée ; de même des joues et des oreilles; on remarque en outre que les conditions favorables à la turgescence vasculaire, en général, le sont également à la production du sommeil, et que les circonstances inverses produisent des phénomènes opposés. »

Il resterait à démontrer que cette congestion générale périphérique ne correspond pas à une anémie des centres. Nous avons déjà repoussé plus haut cette supposition à propos des phénomènes qui se passent sous l'influence de la chaleur, de la fièvre, etc. Parmi eux la diminution de la tension artérielle[3] sur laquelle nous nous sommes appuyé existe aussi après l'ingestion de l'opium.

Nous ajouterons à cette raison, hypothétique, j'en conviens, une

---

[1] Voici l'opinion de Hammond, en 1871 :

« Parmi les causes de la congestion cérébrale il cite certaines substances et médicaments, tels que liqueurs alcooliques, opium, belladone, quinine, agissant, soit en augmentant l'action du cœur, soit par leur influence sur le sympathique, en paralysant les vaso-moteurs et en accroissant le calibre des vaisseaux sanguins du cerveau. »

[2] *Gaz. des hôpitaux*, 1858.

[3] A. Bordier, Thèses de Paris, 1868.

raison plus tangible : c'est l'effet produit par l'opium sur les anémiques. Voici d'abord une observation de cachexie palustre avec anémie cérébrale rapidement améliorée par l'opium.

Cachexie palustre. — Anémie cérébrale. — Opium. Amélioration rapide [1].

Le nommé Ch..., âgé de 33 ans; marin depuis l'âge de 18 ans, entre, le 6 avril 1866, à l'hôpital Beaujon, dans le service de M. Gübler.

Il a fait l'expédition de Crimée, et il eut pendant deux mois le scorbut. Plus tard, dans un voyage à Saint-Domingue, il fut pris d'une fièvre intermittente quotidienne. De retour en France, avant sa guérison, il repartit pour Saint-Domingue dans le même état de souffrance. Enfin revenu il y a peu de temps, il emploie le congé qui lui a été accordé à exercer la profession de charpentier. Il a fait pendant ses voyages un abus de boissons spiritueuses auxquelles il a maintenant tout à fait renoncé.

État au moment de l'entrée. — L'aspect cachectique du malade est caractéristique; personne n'hésite à prononcer *de visu* le nom de cachexie palustre. Les gencives sont livides, la pupille extrêmement dilatée, la vue troublée, et la marche gênée par des vertiges; la rate est un peu volumineuse.

Avant tout traitement M. Gübler prescrit une pilule d'opium de $0^{gr},025$ chaque jour.

Le lendemain, la pupille est diminuée : pour la première fois, le malade a pu marcher sans être étourdi, et le sommeil, depuis long-temps disparu, est revenu.

Au bout de quelques jours, un régime tonique a été institué, et le malade a pu quitter l'hôpital dans un état d'amélioration sensible.

M. Ernest Labbée m'a dit avoir vu aussi, dans le service de notre maître, un autre cas tout à fait semblable. Ce n'est pas sans doute en produisant de l'anémie que l'opium a déterminé le sommeil. Enfin j'ai vu moi même, dans le même service, une jeune fille dont j'ai déjà parlé (voy. page 44), anémique au dernier point. Son sommeil n'était pas notablement troublé, et comme elle ne pouvait

---

[1] Obs. empruntée à la thèse de M. Bordier. — *Des nerfs vaso-moteurs,* 1868.

se tenir debout sans avoir des vertiges, elle restait couchée et sommeillait même assez souvent.

En quelques jours l'administration de 0^{gr},025 d'opium lui permit, sans qu'il y eût besoin de recourir à tout l'arsenal des toniques ordinaires, de se tenir debout et de marcher avec quelque force.

On le voit, à part le sommeil, qui n'a pas été influencé, la malade n'ayant pas souffert de ce côté, l'effet de l'opium a été, dans cette observation, exactement le même que dans les deux cas cités plus haut. Et ce n'est pas non plus en produisant de l'anémie des centres nerveux, que l'opium a pu apporter cette amélioration si rapide. Cependant il est possible qu'à côté de l'action congestive à laquelle nous croyons, il y ait une autre action de cette substance sur le cerveau : soit qu'elle favorise simplement sa nutrition en lui apportant plus de sang et en facilitant les échanges des matériaux d'assimilation, soit qu'elle possède une action directe dont nous ne voyons que les effets sans en connaître la nature.

Nous ne dirons rien ici de l'alcool et des anesthésiques, qui agissent du reste sur le tissu nerveux, tout en congestionnant l'encéphale.

Parmi les autres médicaments employés contre l'insomnie, il en est qui sont véritablement des toniques vaso-moteurs, et qui peuvent agir en produisant de l'anémie cérébrale ; mais on voit tout de suite qu'ils seront indiqués par de tout autres conditions. De ce nombre sont la belladone, le sulfate de quinine (Gübler, Brown-Séquard), le bromure de potassium, qui agissent probablement aussi sur la substance nerveuse. Je me borne ici à une énumération ; cependant je citerai, à propos du sulfate de quinine, ce que M. Gübler avait dit de son action probable.

« Les phénomènes de l'intoxication quinique attribués jusqu'ici à la congestion cérébrale, reconnaissent probablement une tout autre cause. Cette cause serait l'anémie cérébrale, dont les symptômes ordinaires sont les vertiges, la titubation, la céphalalgie, les bourdonnements d'oreilles, la surdité. Ce qui le prouve, c'est que les sujets qui prennent des doses assez élevées de sulfate de quinine sont particulièrement exposés aux syncopes, et que ce sel enlève le sommeil. Ce qui tend encore à le prouver, ce sont les bons résultats obtenus de l'emploi de ce sel contre des méningites avec des accidents cérébraux de nature congestive. »

J'ai vu, dans une de mes expériences, cette constriction des arté-

rioles du cerveau produite quelques instants après l'injection de
0gr,50 de sulfate de quinine en solution sous la peau d'un lapin. Les
veines avaient conservé leur volume normal ; elles étaient même
un peu augmentées de volume, ce que j'ai pu constater facilement
au moyen d'une loupe micrométrique ; mais je n'ai pas, à mon
grand regret, d'autre fait à apporter sur ce sujet.

Le chloral est un hypnotique par excellence. Introduit récem-
ment dans la thérapeutique, il a pris du premier coup une des
premières places, et à part son action sur le cœur, qu'il arrête en
diastole (Gübler) lorsqu'il est donné à doses trop élevées, il ne
semble pas avoir les inconvénients de l'opium, par exemple dans sa
première période, ou période d'excitation. Celle-ci, en effet, n'existe
en général pas pour le chloral, et sauf un cas que j'ai observé dans
le service de mon excellent maître, M. Moutard-Martin, j'ai toujours
observé, de la veille au sommeil, un passage aussi tranquille et
aussi doux que possible. Dans un cas où j'ai pu prendre la température, celle-ci s'éleva de 0°,6. Les auteurs ne sont pas d'accord pour savoir si la tension artérielle est augmentée ou rabais-
sée. J'ai pu prendre une fois un tracé sphygmographique avant et un
autre pendant le sommeil chloralique, et je n'ai trouvé aucune modification ni dans le nombre ni dans la forme des pulsations. Ce
n'est d'ailleurs qu'un fait isolé. — Voici l'observation qui peut passer
pour un type de la facilité avec laquelle la transition se fait de la
veille au sommeil.

Observation. — Ed... T..., 17 ans, atteint de pneumo-thorax, ne
dort pas.

Le 26 *septembre, 6 heures soir*. P. 100, R. 24, T. R. 39°. — Je lui
donne aussitôt après une cuillerée de sirop de chloral.

A 7 *heures moins le quart* il ferme un peu les yeux, puis tousse un
peu, rouvre les yeux immédiatement, et sur ma question, dit qu'il
ne s'endort pas le moins du monde. — Respiration tranquille ;
100, 24, 39°6.

7 *heures*. Paraît s'assoupir un peu ; 24, 39°6.

7 *heures* 10 *minutes*. Dort. Je prends pendant ce temps un tracé
sphygmographique de son pouls (l'instrument avait été placé par
avance). Le mouvement de l'appareil ne le réveille pas. — C'est en
toussant un peu que je le réveille. — Il n'y a pas eu, avant et
pendant la période d'assoupissement, le moindre phénomène d'excitation.

7 *heures* 15 *minutes*. Se rendormait quand il eut une quinte de toux, après laquelle il essaya de dormir et ne le put pas tant que je restai près de lui.

Aussitôt la lumière éloignée, il se mit à dormir jusqu'à 11 heures.

Nota. Le tracé sphygmographique pris de la façon que j'ai dite ne différait en rien du tracé pris avant le sommeil, même nombre et même forme d'oscillations.

Il nous sera difficile de dire si le chloral détermine ou non de la congestion encéphalique. Nous savons déjà que la pupille se contracte pendant le sommeil chloralique (Liebreich, Labbéc), comme dans le sommeil normal ; c'est déjà une présomption en faveur de cette hypothèse.

En résumé, de ce chapitre nous pouvons faire ressortir les points suivants :

L'assoupissement et le sommeil prolongé se rencontrent souvent avec un état congestif de l'encéphale.

L'anémie cérébrale, quoique pouvant se rencontrer avec un sommeil régulier, détermine le plus ordinairement des phénomènes tout autres : convulsion, syncope, délire et insomnie.

Il est donc complétement inexact de dire comme Hammond l'a fait : « Quelle que soit la cause qui peut amener la diminution de quantité du sang dans le cerveau, elle peut amener le sommeil. Il n'y a pas d'exception à cette règle[1]. »

Tout en penchant vers la conclusion opposée, nous nous garderons bien d'être aussi absolu, d'abord parce que ce ne serait pas exact; ensuite, parce qu'il me semble dangereux d'imiter ces auteurs qui, voulant trouver toute l'explication dans des phénomènes de circulation, ont un peu négligé le tissu nerveux lui-même. Or, si le sang lui apporte la vie dans ses globules, ce n'en est pas moins le tissu nerveux qui veille et qui dort, et qui peut dormir indépendamment de ces variations légères de la circulation. Cependant s'il fallait émettre notre opinion à ce sujet, nous dirions volontiers, que le sommeil peut exister tant que la circulation cérébrale n'est ni

---

[1] Hammond, *on Wakefulness*, p. 35.

diminuée dans une trop forte proportion ni activée outre mesure, mais que le sommeil n'est normal et vraiment réparateur que lorsqu'une légère augmentation de l'afflux sanguin permet aux échanges nutritifs de se faire avec facilité.

C'est par quelques faits qui peuvent, ce nous semble, contribuer à établir ce dernier point, que nous allons terminer cette étude.

CHAPITRE IV

DES RAPPORTS ENTRE LE SOMMEIL ET LA NUTRITION DES CENTRES NERVEUX.

I

C'est un principe adopté par presque tous les auteurs, que la période du sommeil est la période de réparation de toute l'économie et en particulier du système nerveux. Durham a lui-même fort bien énoncé le fait, en distinguant deux sortes de circulation dans les centres nerveux ; une circulation de fonction correspondant à l'activité et une circulation de nutrition correspondant au repos. Je n'ai plus à chercher comment il a voulu prouver que, moins il s'écoule de sang dans les vaisseaux du cerveau, mieux celui-ci se nourrit.

Quels sont les faits qui indiquent nettement que cette réparation nutritive ne se fait pas seulement dans tout l'individu, mais encore et particulièrement dans le système nerveux. C'est ce que nous allons rechercher dans quelques cas pathologiques.

Chez le fœtus, tous les phénomènes concourent au développement de l'individu. Il n'y a pas de veille, pas de vie extérieure. Les sens sont à peu près comme s'ils n'existaient pas ; ils n'ont vraisemblablement que fort peu de sensations à transmettre ; du reste, fussent-elles transmises, les centres nerveux encore rudimentaires ne les percevraient pas, et, à part quelques mouvements, la vie est ici toute dans la nutrition et le développement. On comprend donc fort bien que cette période ait été comparée à un sommeil de longue durée. Pour quelques auteurs même, c'est le sommeil primordial et, dans les époques ultérieures, toute cessation de la veille ne serait qu'un retour à cet état embryonnaire (Burdach).

Sans forcer l'analogie, il est bien certain que la comparaison était assez juste ; en effet, une fois que l'air extérieur a impressionné ce petit être, il respire et commence une vie nouvelle, mais son sommeil continue ; plus il est proche de la vie fœtale, plus son sommeil est de longue durée, et dans les vingt-quatre heures de la journée, c'est à peine s'il est réveillé pendant quelques heures pour prendre le sein de sa nourrice. Teter et dormir sont ses deux grandes occupations. Puis les sens s'exercent; la vue, l'ouïe, la sensibilité apportent à ses centres nerveux une série d'impressions et de sensations qui, se combinant et se multipliant, développent la vie cérébrale. La veille prend alors chaque jour un temps qui devient de plus en plus considérable, et qui va bientôt égaler et même dépasser de beaucoup, chez l'adulte, le temps consacré au sommeil. C'est qu'alors le développement est complet, mais la nutrition persiste. Or existe-t-il un moyen de savoir si le sommeil est sa période d'activité la plus grande ?

Peut-on évaluer les pertes de la veille? quels sont les matériaux éliminés à la suite de la dénutrition des centres nerveux ? Comment les reconnaître au milieu de tous les autres déchets de l'organisme ? Il y a là tout un sujet d'études que nous n'aborderons pas, et pour cause; néanmoins, on peut apercevoir dans quel sens les recherches peuvent être faites ; analyse des urines avant et après le sommeil, — avant et après un travail intellectuel (Byasson) ; analyse du sang des jugulaires et des carotides à la suite de ces différents états; examen des produits de la respiration ; des sécrétions. Enfin la température pendant le sommeil sur laquelle on n'est pas d'accord, les uns la trouvant abaissée (Burdach), d'autres la trouvant légèrement élevée (Faure [1], Roger [2]); la température du cerveau lui-même.

II

Dans certaines conditions, l'individu malade pourra lui-même devenir un réactif physiologique. Nous avons déjà cherché chez les anémiques quelques indications sur l'importance d'une circulation

[1] Faure, *Arch. gén. de méd.*, 1858, t. II, p. 447.
[2] Roger, *Traité des maladies de l'enfance*, 1872.

cérébrale abondante pour la réparation du cerveau. Nous allons prendre parmi les maladies qui s'accompagnent d'une dénutrition considérable un exemple des rapports qui peuvent exister entre certains troubles fonctionnels et la durée plus ou moins grande du sommeil, à diverses périodes de l'évolution morbide. En d'autres termes, pour préciser, je veux essayer de démontrer d'après des observations prises pendant la convalescence de la fièvre typhoïde, que le sommeil a une grande importance pour diminuer la fréquence et le danger de certains symptômes dus, selon moi, à une altération du système nerveux, je veux parler des intermittences du pouls.

J'ai besoin d'abord de faire une légère digression. La fièvre typhoïde est de toutes les maladies fébriles la plus intéressante à étudier dans sa marche. C'est le type de la fièvre qui frappe tout l'organisme et l'épuise rapidement ; quelle que soit la cause qui détermine cette maladie, l'effet produit sur tous les systèmes est une dénutrition rapide et qui peut quelquefois rester définitive. On en retrouve les traces dans tous les symptômes et dans toutes les lésions :

Pendant le cours de la maladie, ce sont : la température élevée, l'amaigrissement, la diarrhée, les sueurs, l'élimination par les urines des produits de combustion complète ou incomplète [1] ; pendant la convalescence, les atrophies des membres qui refusent les mouvements, les abcès, etc ; dans les cas de mort, la constatation des lésions correspondantes, depuis l'ulcération des plaques de Peyer jusqu'aux dégénérescences des muscles ; tout cela tendant à la même démonstration.

Au milieu de tous ces phénomènes, se font remarquer ceux qui portent sur le système nerveux : ainsi la céphalalgie antérieure même à la diarrhée, la douleur rachidienne indiquée par Bierbaum, Forget, Lombart et Fauconnet, par Fritz qui cite tous ces auteurs, et que M. Gübler nous a toujours fait observer dans la région cervicale. Ajoutons à tous ces faits des hyperesthésies cutanées (Fritz) des convulsions, des troubles respiratoires, tous les troubles d'indépendance organique tels que la possibilité, pour les muscles, les

---

[1] M. Jaccoud dit, dans sa très-belle description de la fièvre typhoïde (*Traité de path. int.*, t. II), que l'albumine se trouve dans l'urine dans un tiers des cas seulement ; pour notre part, nous l'avons toujours rencontrée (sauf peut-être dans un cas ou deux), pendant deux ans que nous en avons observé sous les yeux de M. Gübler.

vaisseaux, de se contracter sous la plus légère excitation directe, en s'isolant en quelque sorte de la direction centrale ; enfin l'insomnie qui dure pendant toute la première période de la maladie et qui en est un des symptômes les plus pénibles et les plus accablants. C'est sur ce dernier point que je m'appesantirai un peu, en le considérant surtout par les côtés qui se rattachent à notre sujet.

Chez presque tous les malades atteints de fièvre typhoïde au début, on remarque de l'insomnie ; quand par hasard ils dorment, c'est d'un sommeil agité et plein de rêvasseries ; souvent même cela va jusqu'à un peu de délire. Puis au bout d'une dizaine de jours, tantôt plus, tantôt moins, il survient un peu de sommeil, d'abord une heure, puis deux ; la température va baisser le matin, la réparation commence ; le malade entre dès ce jour dans la période de déclin de sa maladie, et bientôt dans la convalescence, et, à moins de complication survenant à la suite d'un refroidissement, d'une indigestion, d'un exercice trop violent, il marche vers une guérison souvent lente, mais à peu près assurée.

Mais c'est alors aussi, au début de la réparation, quand la température commence à baisser, que se présente un phénomène fort intéressant sur lequel j'ai besoin de m'étendre un peu, je veux parler des irrégularités ou bien plutôt des intermittences du pouls.

Ces intermittences dans la périodicité de la pulsation artérielle et de la contraction cardiaque ne sont pas rares. Pour ma part, je les ai rencontrées assez souvent et nous verrons tout à l'heure qu'elles ont été notées par les auteurs.

Elles apparaissent ordinairement vers le dixième, le onzième, le douzième jour. Ce sont bien de véritables intermittences et non pas de simples différences dans l'accélération des battements du cœur. Elles donnent sur un tracé pris dans de telles conditions une ligne de descente très-prolongée. Elles se reproduisent plus ou moins fréquemment dans le même espace de temps, et c'est sur ces variations de la fréquence suivant les époques de la journée que je désire appeler l'attention.

Je les ai suivies chez plusieurs malades ; je vais rapporter les trois observations qui m'ont le plus frappé. L'examen des malades a été fait tantôt après un long sommeil, tantôt après un sommeil très-court, tantôt enfin après une veille plus ou moins prolongée.

Voici ces observations :

OBSERVATION 1ʳᵉ. — Fièvre typhoïde. — Intermittences du pouls. Leurs rapports avec l'état de veille et de sommeil. — Convalescence. — Guérison.

Le nommé G., Louis, âgé de 17 ans, habitant Paris depuis trois semaines, est malade depuis dix jours. Il commença par avoir des douleurs de reins, des douleurs de tête.

Du côté du tube digestif, il n'eut pas d'envies de vomir, mais il eut beaucoup de diarrhée. Il entre le 15 juin à l'hôpital Beaujon, salle Saint-Louis, n° 19 (service de M. Gübler). Il n'a pas d'appétit le moins du monde, il accuse une douleur dans la région épigastrique et rien dans la région inférieure de l'abdomen. Cependant il y a du gargouillement dans la fosse iliaque.

Le ventre est chaud, non ballonné ; la peau, très-pigmentée sur le ventre comme sur le reste du corps, présente quelques taches rosées.

Le malade tousse un peu, ne crache pas. On trouve des râles sibilants dans la poitrine des deux côtés et dans toute la hauteur des poumons.

Pouls 88. Resp. 32. TR. 40°4.

Les phénomènes d'indépendance organique, c'est-à-dire les contractions des muscles sous l'excitation directe (percussion), la pâleur puis la rougeur de la peau sous l'influence d'un frôlement ou d'un grattage de la peau, sont très-prononcés.

Le 16 juin. Râles de bronchite et un peu de sous-crépitation fine.

Les taches sont beaucoup plus nombreuses qu'hier. Le ventre est un peu ballonné, aussi on perçoit moins facilement la matité de la rate.

L'affaissement du malade a augmenté.

	P.	R.	T R.	
	80	20	39°2.	Bouillon, limonade vineuse, affusions
Le soir . .	88	20	40°	froides.
17 *soir* . .	92	24	40°9	
18 *matin* . .	80	24	40°9	
Le soir . .	92	24	40°9	
19 *matin* .	84	24	40°2	Le pouls est régulier. A toujours de
Le soir . .	80	28	40°5	la diarrhée.

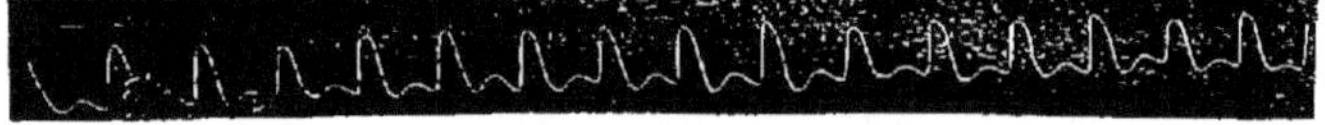

Fig. 11.

20 *juin* . .	80	28	39°4	La langue est sèche, le ventre est tou-
Le soir . .	92	24	40°6	jours un peu ballonné ; on continue la limonade et les affusions froides.
21 *juin* . .	80	24	39°	
Le soir . .	84	28	40°3	A toujours de la diarrhée. Il prend bien son potage et ses tisanes.
22 *juin* . .	68	16	38°3	Diarrhée.
Le soir . .	76	20	40°5	

juin .	76	20	39°4	
Le soir. .	80	20	40°6	
24 *matin*.	64	20	38°	N'est pas allé à la selle depuis hier. Se
Le soir. .	80	20	39°6	trouve mieux. Demande à manger.
25 *juin*. .	64	20	38°	
26 *juin*. .	64	20	38°	*Quelques irrégularités du pouls.*
Le soir . .	76	20	38°8	
27 *juin*. .	80	20	37°8	
Le soir. .	68	20	38°9	Même état du pouls.
28 *juin*. .	52	24	37°2	
Le soir. .	56	24	38°2	Les intermittences sont plus fréquentes.

Une série de tracés pris le soir d'abord au moment du réveil, puis de temps en temps jusqu'à un quart d'heure après montrent le pouls d'abord régulier, puis avec des intermittences de plus en plus rapprochées. (*Voy. les tracés.*)

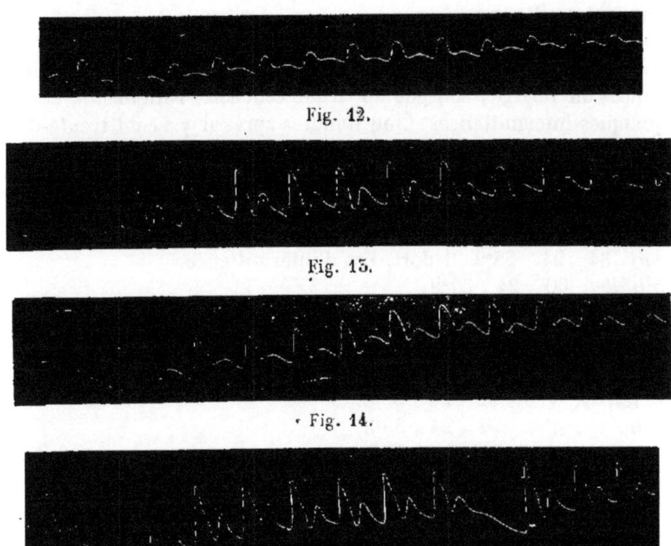

Fig. 12.

Fig. 13.

Fig. 14.

Fig. 15.

29 *juin*. 56 20 37°.   Il n'a pas dormi depuis quatre à cinq heures ; les intermittences sont très-fréquentes.

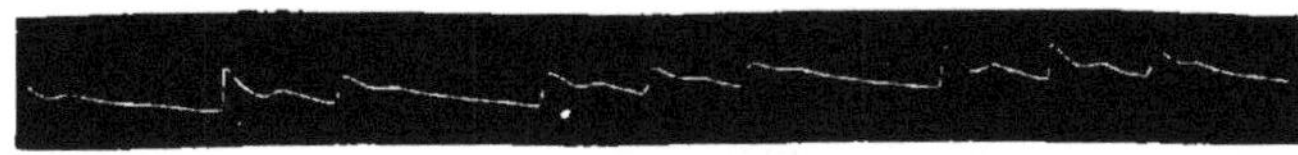

Fig. 16.

Soir . 52 16 37°2.   Vient de sommeiller un peu ; il a seize intermittences à la minute, c'est-à-dire un peu moins que ce matin.

30 *juin* . 40   16   36°3.

Soir .   . 76   20   37°2. Le malade vient de dormir, cinq tracés pris
pendant les trois quarts d'heure qui suivent son réveil à différents inter-
valles qui suivent son réveil, n'indiquent pas la moindre intermittence.

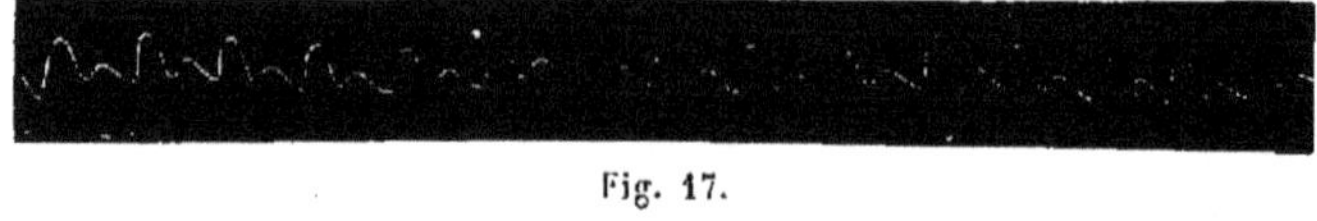

Fig. 17.

Fig. 18.

1er *juillet*. 68   20   37°6. N'a pas dormi depuis ce matin. On note quelques intermittences.

2 *juillet*. 88   20   39°2.

3 *juillet*. Le malade vient de se lever. Il titube. Aussi il a de petites ten-
dances au vertige ; son pouls marque cent seize battements, et présente
quelques intermittences. Cinq minutes après il y a cent trente-deux pulsations. Le malade se recouche presque aussitôt.

Le soir. 92   24   39°2. Il n'y a pas d'intermittence. Le malade n'a pas
dormi depuis ce matin.

Le 4 juillet matin. 104 pulsations, le malade est levé depuis un instant.

Le soir. 84   24   38°2. Il dort. Pas d'intermittence.

Le 5 juillet. 60   24   37°9.

Le soir. 100   24   39°6. Il existe au sacrum une petite plaie de 3 centi-
mètres de diamètre et aux trochanters une petite érosion avec rougeurs
périphériques.

Le 6 *juillet*. . .   92   24   39°6.

Le soir. . . .   92   24   39°8.

Le 7 *juillet*. . .   96   24   39°2.

Le soir . . .   92   24   39°2.

Le 8 *juillet* . .   92   20   38°8.

Le soir   92   20   39°.   La santé générale est d'ailleurs très-
bonne

Le 9 *juillet* . .   80   24   37°8.

Le soir   88   24   39°.

Le 10 *juillet*. .   80   16   37°8.

Le soir   80   20   39°.

Le 11 *juillet*. .   80   20   37°8.

Le soir   92   20   39°.

Le 12 *juillet*. .   80   20   37°6.

Le soir   80   20   38°8.

Le 13 *juillet*. .   64   20   37°4.

Le soir   72   20   38°2. Va très-bien.

Il part à Vincennes le 22 juillet guéri.

Ici c'est le vingtième jour en tenant compte des prodromes qu'apparaissent les irrégularités ou du moins que nous les remarquons. Les tracés (12, 13, 14, 15) pris le 28 juin montrent une série graduée des modifications que le pouls éprouve depuis le moment même où le malade est réveillé jusqu'à un moment plus éloigné où son activité intellectuelle fonctionne depuis quelque temps. D'abord fort calme et régulier, il finit par présenter des intermittences assez nombreuses. Encore, n'avons-nous pas reproduit tous les tracés intermédiaires.

Les intermittences sont très-fréquentes dans le tracé 16, pris le 29. Il n'avait pas alors dormi depuis plus de deux heures; tandis que le lendemain 30 il n'y a pas la moindre irrégularité (tracés 17 et 18).

OBSERVATION II. — Fièvre typhoïde. Irrégularités du pouls. Rechute complète. Retour des irrégularités du pouls. Guérison.

Le nommé L..., 17 ans, tailleur de pierres. Entre le 22 novembre 1871 au n° 32, salle Saint-Louis, service de M. Gübler.

Il n'a jamais eu de grandes fièvres. Il y a trois jours, eut mal à la tête, un peu de diarrhée, une fièvre très-intense; pas de sueurs, mais une chaleur âpre et sèche. Cet état s'accompagne de quelques élancements dans l'oreille gauche, et de vertiges quand le malade est assis.

Pas de phénomènes respiratoires.

Langue blanche au milieu, rouge sur les bords. Pas de douleurs de ventre. La gorge est un peu rouge et douloureuse. 100 20 41°4.

Le 23. Rien dans la poitrine, 100 56, 41°2. L'urine contient une *énorme quantité d'albumine*. On y trouve au microscope quelques globules de pus, un assez grand nombre de globules sanguins, et quelques tubes épithéliaux.

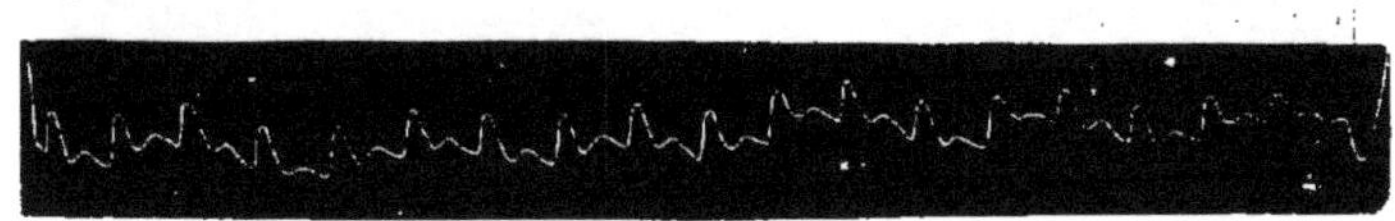

Fig. 19.

On pose des ventouses scarifiées à la région des reins.

Le soir, 80 34 41°. Il y a un peu de douleurs à la région hypogastrique. Le malade a eu quatre selles. Les douleurs de tête continuent à être très-violentes.

Le 24 *matin*. 84, 24, 41°. Il y a un peu de gargouillement dans la fosse iliaque. L'urine avant tout examen apparaît moins colorée qu'hier. Le nuage est moins épais. L'acide nitrique y montre encore beaucoup d'albumine et un peu de bleu. On prescrit un lavement émollient, de la tisane et des compresses mouillées sur le ventre.

Le 24 *soir*. . 104 28 41°2.

Le 25 *matin*. 88 22 40°8.

     Soir . 88 28 41°2. Il a dormi un peu dans la journée et se trouve mieux.

Le 26. 104 28 40°8. A déliré un peu toute la nuit et encore un peu ce matin : il se figure que son lit est changé de place, etc.

L'urine contient de l'acide urique, beaucoup d'albumine et du bleu.

Le soir. . 100 24 41°1. A encore déliré dans la journée.

Le 27 . . 88 20 41°.

Le soir. . 84 20 41°. Il y a des *taches rosées*. Le délire continue : il cause, voit du monde dans la rue, se croit ailleurs, et malgré cela me reconnaît bien et se rappelle mon nom.

Le 28 . . 96 24 40°8.

Le soir . 100 24 41°6. La bouche saigne, la langue est sèche.

Le 29 . . 88 24 40°4. On trouve un bruit de souffle au premier temps, vers la base du cœur.

Le soir . 84 24 40°6. Paraît se trouver un peu mieux.

Le 30 . . 76 24 40°. Rougeur aux trochanters et au sacrum. Le pouls est régulier. L'état général paraît meilleur.

Le soir . . . 76 20 40°2.

1er *décembre*. . 56 24 39°4. Il existe le matin des irrégularités du pouls. Le malade n'a presque pas eu de sommeil cette nuit.

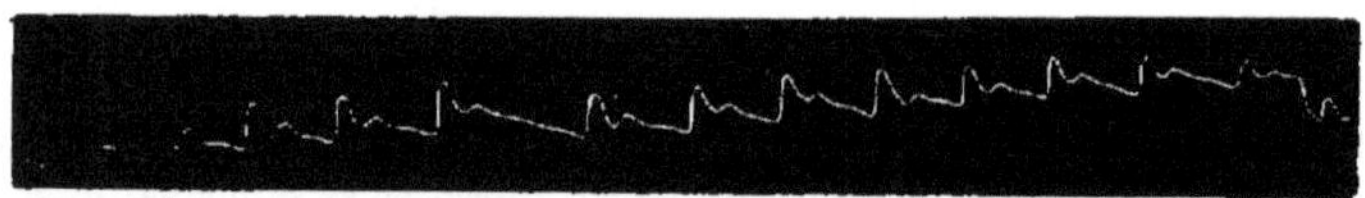

Fig. 20.

Fig. 21.

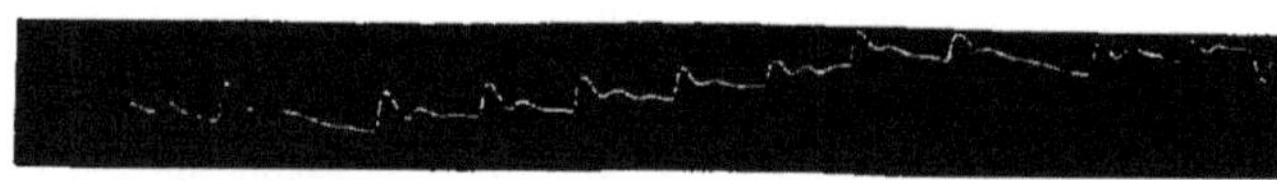

Fig. 22.

Le soir . . . . 64 20 40°6.

2 *décembre* . . 52 20 39°6. Petit vésicatoire à la région précordiale. Dix gouttes de teinture thébaïque.

3 *décembre*. . 56 20 38°6.

Le soir. . . . 64 20 40°6. Le malade a bien dormi dans la journée ; le pouls est moins irrégulier. A plusieurs reprises depuis ce matin il y eut aussi un peu de difficulté à respirer.

4 décembre. 64 20 38°6. La gêne de la respiration n'existe plus. Il y a encore des irrégularités du pouls ; le malade se trouve très-bien.

Le soir. 56 16 40°2. Il a dormi un peu dans la journée ; les irrégularités du pouls sont très-fréquentes, tantôt elle se reproduit toutes les deux, tantôt toutes les quatre pulsations.

La tendance aux eschares disparaît ; il y a moins de rougeur. Poudre d'amidon.

Le 5 décembre. 44 16 37°7. Le pouls est lent et régulier, le sommeil a été très-bon cette nuit.

Le 6 décembre. . 44 16 38°2.

Le soir. . . . . 56 20 39°6. Pouls irrégulier.

Le 7. . . . . . 44 20 37°6.

Le soir. . . . . 56 16 39°6.

Le 8. . . . . . 56 20 37°6. Demande à manger.

Le soir. . . . . 54 20 38°6.

Le 9. . . . . . 44 20 38°.

Le soir. . . . . 48 20 38°2.

Le 10 . . . . . 44 24 38°2.

Le soir. . . . . 56 24 38°6. Le pouls est régulier.

Le 11 . . . . . 48 20 37°6. Le malade va bien. On le laisse sans s'en occuper jusqu'au 16 décembre, jour où on lui trouve : 96 24 40°6 le matin. L'urine ne contient pas d'albumine.

Le soir. 100 24 40°6. N'a pas eu d'appétit de la journée. Il éprouve moins de malaise que le matin.

Le 17 *décembre*. . 84 24 40°.

Le soir . . . . . 80 24 41°. Se trouve un peu mieux.

Le 18. . . . . . 96 24 41°. La langue est un peu sèche. Épreintes pour aller à la selle. Pas de phénomènes thoraciques.

Le soir. . . . . 96 24 41° A un peu de céphalalgie. Le pouls
Le 19 *décembre*. . 76 24 40°4. est régulier.

Le soir. . . . . 84 24 41°2.

Le 20 . . . . . 88 24 40°8. On voit quelques petites taches
Le soir. . . . . 88 20 40°8. rosées sur le ventre.

Le 21 . . . . . 80 24 39°8.

Le soir . . . . . 88 24 40°8.

Le 22 . . . . . . 96 24 39°7. L'urine a tout à fait la couleur de bouillon, on y retrouve par l'acide nitrique l'acide urique, l'albumine et un peu de bleu.

Le soir . . 96 24 40°.

Le 24. . . 80 20 38°8.

Le soir . . 76 20 39°8.

Le 25. . . 80 20 39°. Malgré sa langue sèche il demande à manger ; on lui laisse prendre un peu de pain et de pommes cuites, quoique avec hésitation.

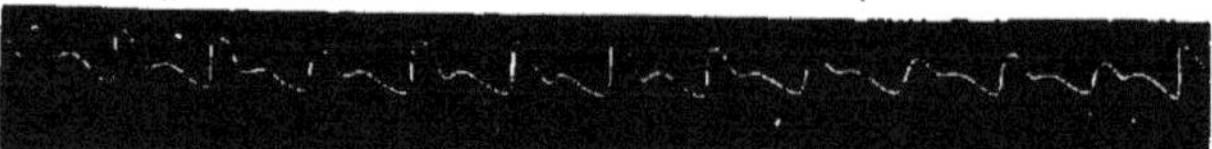

Fig. 23.

Le soir . .   80   20   40°7.   Comme on voit, l'augmentation de tempé-
Le 26. . .   72   20   38°6.   rature ne s'est pas fait attendre.
Le soir . .   92   20   40°.   Le pouls présente des intermittences.
Le 27. . .   64   20   38°.   ——   ——   ——

Fig. 24.

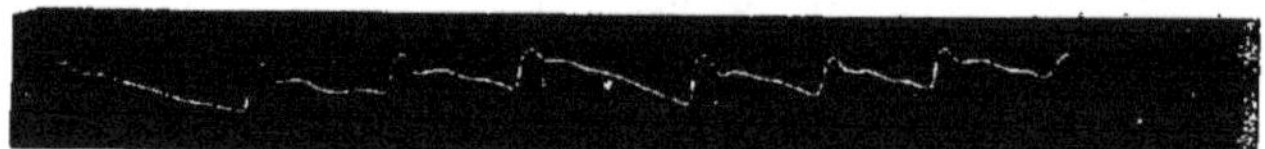

Fig. 25.

Le soir . .   68   20   39°7.   Le malade est en train de dormir. Son pouls
Le 28. . .   60   20   57°.   est assez régulier.
Le soir . .   60   24   38°4.

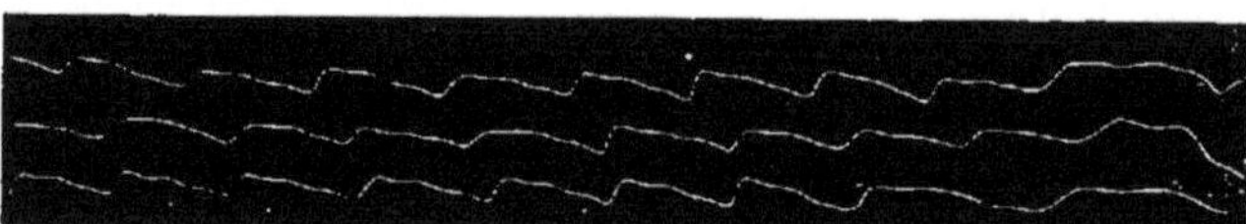

Fig. 26.

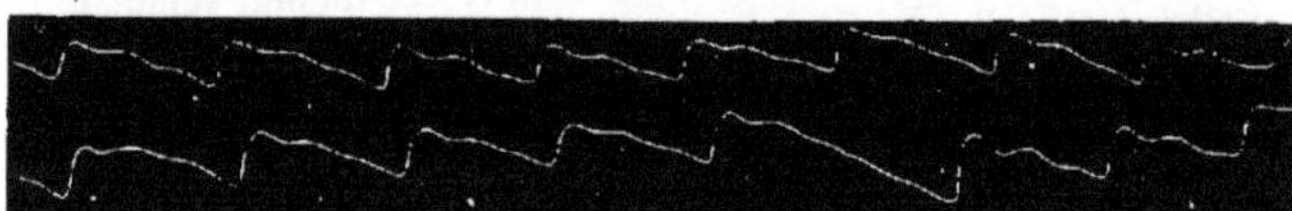

Fig. 27.

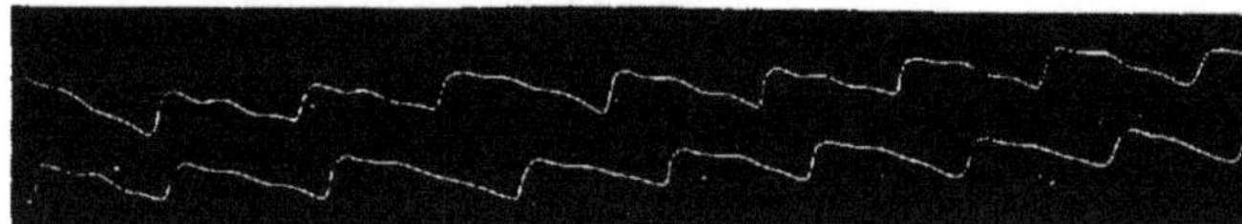

Fig. 28.

Le 29. . . .   64   20   37°6.   Il y a toujours des irrégularités du pouls.

Le 30. . .   60   20   37°4.
Le 31. Le malade a encore des irrégularités.

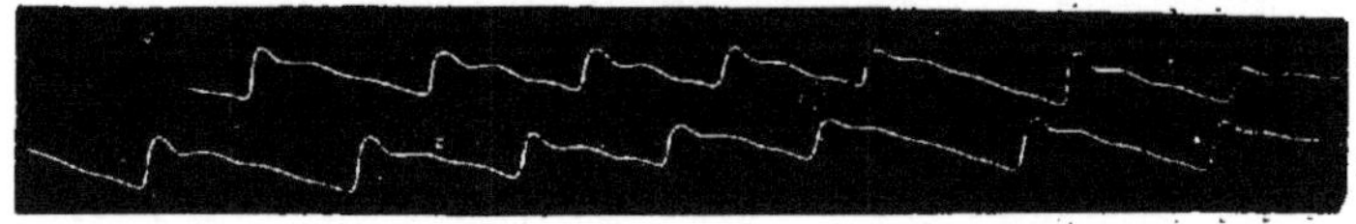

Fig. 29.

Le malade sort guéri le 6 janvier 1872.
Il n'y a plus à ce moment d'irrégularités du côté du pouls.

Nous trouvons dans cette observation II les mêmes modifications du tracé, mais, de plus, certaines particularités qui méritent d'être relevées. Et d'abord, elle peut compter pour deux observations, la rechute ayant été complète, avec les taches rosées, la diarrhée, la céphalalgie, la température et enfin les intermittences du pouls. Je dirai plus, quoique je ne l'aie pas noté, il m'est resté dans la mémoire que le bruit de souffle léger, au cœur, avait reparu pendant cette rechute avec les mêmes caractères que dans la première attaque.

Y avait-il ici myocardite, on peut le soutenir ; mais nous avons quelque peine à rattacher à cette lésion les désordres fonctionnels du côté du cœur ; ils nous semblent bien plutôt dériver de l'atteinte portée au système nerveux.

J'ajoute pour la figure 29, que le tracé est pris deux heures après le sommeil et que le pouls examiné une heure auparavant n'avait rien présenté d'irrégulier.

Observation III. — Fièvre typhoïde. Irrégularités du pouls : leurs rapports avec l'état de veille et de sommeil : guérison.

Le nommé R.... (Étienne) âgé de 18 ans, habite Paris depuis un mois et demi. Malade depuis huit jours, il entre à l'hôpital Beaujon (service de M. Gübler), salle Saint-Louis n° 15, le 15 novembre 1871. Il a des épistaxis, des douleurs de tête. Il y a trois jours, il prit un purgatif. Aujourd'hui les selles sont liquides et abondantes. Se plaint de froid aux pieds.
P. 72. R. 24. T. R. 40°8.
Le 16 *septembre* : la percussion des muscles ne développe pas de contractions excessives. On trouve une tache rosée. Pas de douleurs de ventre. La langue n'est pas sèche. Pas de sibilance dans la poitrine : la ré-

sonnance à la percussion est assez faible des deux côtés. L'urine examinée avec l'acide nitrique contient de l'acide urique, de l'albumine et un peu de bleu.

            P. 60 R. 20 T. R. 40°
13. *Soir* . . . 72   24   40° 8
17. *Matin* . 60   24   39° 6   Il y a quelques taches. La rate est un peu grosse. On trouve quelques irrégularités du pouls.
17. *Soir* . . 72   24   40° 8. Au cœur, un léger frolement
18 56   24   39° 1.   (*Fig.* 30.)

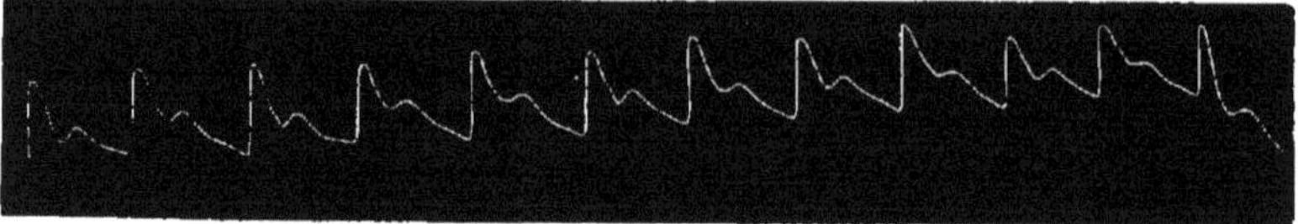

Fig. 50.

   soir . . 72   24   41°
Le 19 *septembre* P. R. T. R. 38° 8 { Il vient de dormir. (*Fig.* 31.)
         Soir 84 32   41° 1 { Pas d'irrégularités du pouls.

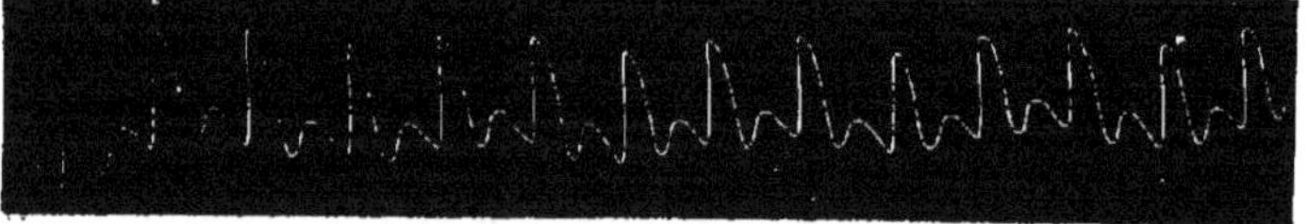

Fig. 31.

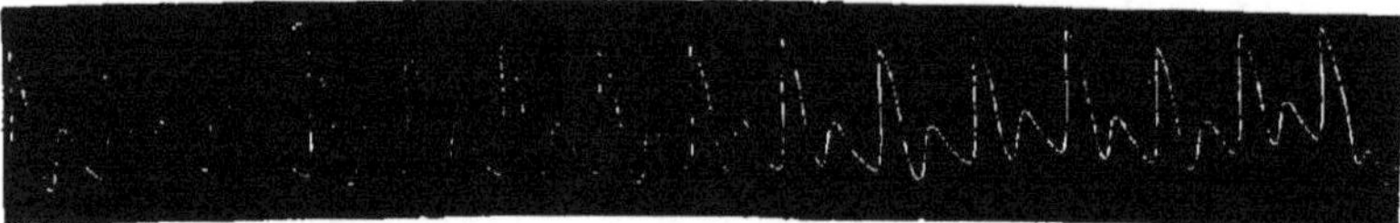

Fig. 32.

La figure 32 est prise une demi-heure après le réveil.

Le 20 septembre 60, 24, 38°6 : il est 9 heures : le malade a déjà été réveillé ce matin, mais, au moment de la visite, il dort depuis quelques instants : on le réveille : il y a des irrégularités du pouls.

A 9 *heures* 1/2 il est rendormi. A dix heures moins le quart je le réveille, en lui ouvrant l'œil droit je trouve la pupille contractée. Elle se dilate aussitôt. Il se réveille. Le pouls a des irrégularités toutes les 15 pulsations.

A 10 *heures* 1/4 ; tracé (*voy. tracé*).

Fig. 33.

Le 20 *soir*. — Il dort déjà depuis assez longtemps : je le réveille et puis compter cent pulsations sans y rencontrer une irrégularité.

P. 84. R. 24. T. R. 40°8
Le 21 *novembre*. 48 24 38° La langue est bien ; il n'y a plus de mal de tête.
Soir. . . . 72 24 40°6
Le 22. . . . . 60 20 38°
Soir. . . . 76 24 39°9
Le 26. . . . . 48 16 37°4 Mange un œuf pour la première fois.
Le soir la main perçoit encore quelques irrégularités du pouls. (*Voy. tracé.*)
Le malade n'a pas dormi de la journée.

Fig. 34.

60 20 39°1'
Le 24 *novembre*. 48 20 57°6 L'urine contient beaucoup d'acide uri-
que, et du bleu. Il n'y a pas d'albumine. 60, 20, 38°2.
Le 25 *novembre* 44, 16, 37°. La figure 35 est prise immédiatement après le réveil ; la figure 36, 20 minutes après.

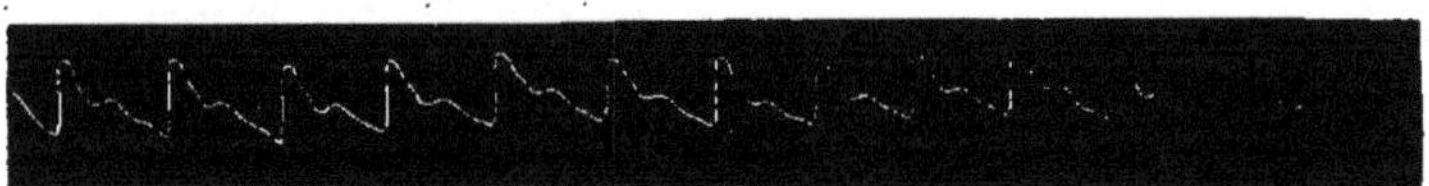

Fig. 35.

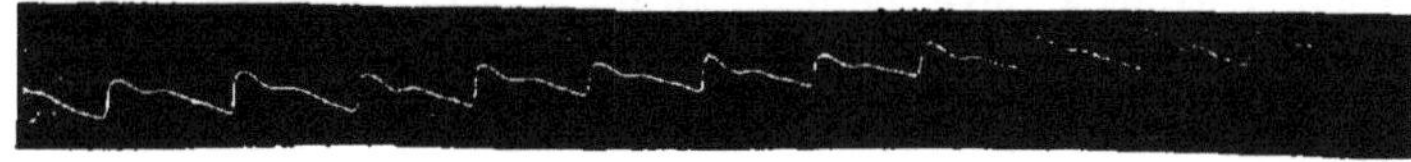

Fig. 36.

Soir. 76 20 37°4. Le malade mange bien. *Voyez les tracés* sphygmographiques au sortir du réveil, il n'y a aucune trace d'irrégularités.

Le 26 *novembre*. 48 24 37°2. Il s'est levé un peu hier soir. *Voyez les tracés pris plusieurs heures après son réveil.*

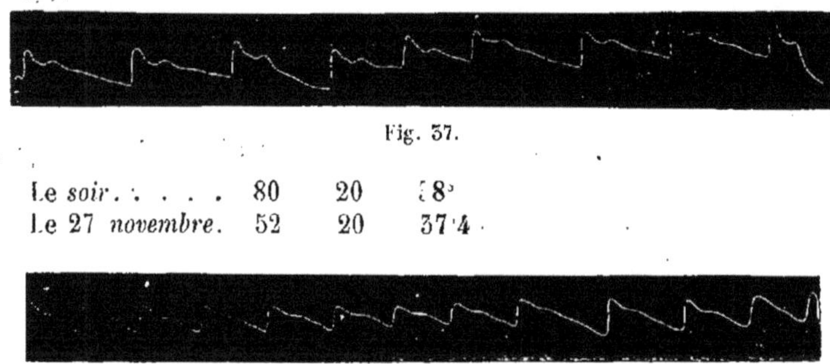

Fig. 57.

Le soir 80   20   [8°
Le 27 *novembre*. 52   20   37'4

Fig. 58.

Soir. 60 20 37°2. On trouve des irrégularités de pouls, le malade s'est levé dans la journée, il est en sueur assez abondante.

Le 28 58   20   36°8 Vient de se réveiller.

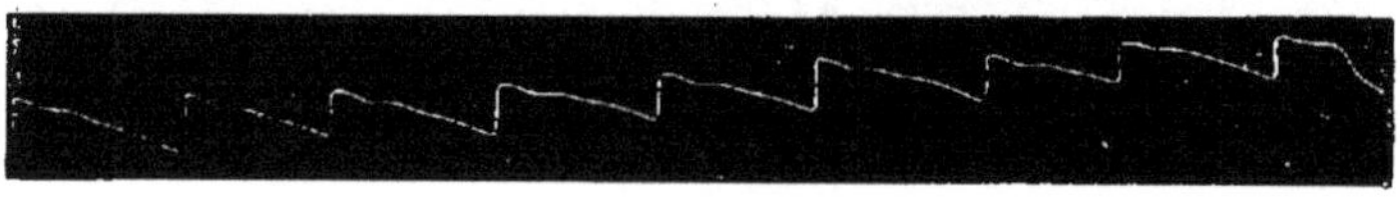

Fig. 39.

Soir 44   16   37°
Le 29 60   16   37°2
Soir 44   16   36°2. Il vient de dormir.
Le 30 52   16   37°4
Soir 48   20   56°. Il vient d'être réveillé. Pouls régulier. Dort peu, a le pouls
Le 1er *décembre* . . . 52   20   37°2 assez régulier, mais a encore
Soir 44   16   37°2. quelques pulsations un peu plus longues que les autres.

Le 6 *décembre*, le malade s'en va. Le pouls est régulier.

Nous n'avons à faire pour cette observation d'autres réflexions que celles que nous avons faites à propos de l'observation première. Une fois cependant, en réveillant le malade, le pouls est trouvé irré-gulier ; il est juste de dire que, dans ce cas, le sommeil venait à peine de commencer lorsque je l'interrompis.

Ces faits ne sont pas nombreux encore, et il serait téméraire d'en tirer quelque conclusion absolue. Seulement, je ne crois pas qu'il s'agisse ici de simples coïncidences. Je n'ai pris que trois malades pour types, mais mes observations se sont répétées assez de fois sur chacun d'eux peut-être pour que je puisse croire que la période de réparation n'est pas sans influence sur la diminution dans le nombre et quelquefois sur la disparition momentanée de ces intermittences.

Je n'ai vu noter ce rapport nulle part, et cependant les intermittences du pouls dans les maladies générales, principalement pendant la période de convalescence, sont bien connues. Outre plusieurs exemples que je citerai tout à l'heure à propos des morts subites, je rappellerai que M. Lorain[1] a fait tout un chapitre sur le pouls de la convalescence et a noté des irrégularités dans un certain nombre de maladies : pneumonies, fièvres diverses ; et que Ch. Fernet dit les avoir rencontrées fréquemment chez les jeunes sujets et les enfants. Il ajoute que ce signe, habituellement de courte durée, cessait de se montrer dès qu'une alimentation réparatrice avait relevé les forces du sujet[2].

Enfin, dans la thèse de Chedevergne (1864), je trouve une observation (la troisième) prise chez un malade qui guérit d'ailleurs comme ceux que nous avons cités dans notre première série de faits.

J'en extrais le passage suivant :

« Enfant de dix ans. Fièvre typhoïde.

« Le onzième jour, rien de noté.

« Le treizième jour, cent pulsations. Intermittences toutes les dix à quinze pulsations.

« Le quatorzième jour, plus lent. Intermittences toutes les vingt-cinq pulsations.

« Le quinzième jour, l'enfant se trouve mieux, la céphalalgie a disparu, la langue est humide, l'intermittence du pouls arrive toutes les trois ou quatre pulsations.

« Id. le lendemain. »

Puis surviennent des variations dont d'ailleurs aucune indication ne peut montrer la cause apparente. Enfin, j'ai retrouvé de ces intermittences dans les *tracés* sphygmographiques de la thèse de M. Labbée[3]. Tous ces faits, je le répète, se rapportent à des individus qui

---

[1] Lorain, *le Pouls.*
[2] Fernet, art. Convalescence. — *Dict. de méd. et chir. prat.*, t. IX.
[3] *Rech. cliniq sur les modif. de la temp. et du pouls dans la fièvre typhoïde et la var. reg.*, 1869.

ont guéri ; mais il en est d'autres qui ont été moins heureux, et ce que nous allons dire de cette seconde série montrera que, en pareille circonstance, il faudrait peut-être réserver le pronostic.

III

La mort subite nous semble en effet devoir se rapporter à cet ordre de faits pathologiques et en voici les raisons.

Les trois observations rapportées par nous avaient porté notre attention sur ce point. Je surveillai le pouls de chaque malade atteint de fièvre typhoïde, craignant de le voir succomber dans une syncope.

L'observation qui va suivre vint, dans un moment où mon attention était détournée de ces faits, me prouver que ces craintes n'étaient pas dénuées de fondement. J'avais un peu moins bien suivi le cas au point de vue dont je parle, et c'est un matin, à la visite, que M. Gübler me fit remarquer les intermittences du pouls ; le soir, le malade était mort.

OBSERVATION IV. — Fièvre typhoïde. — Intermittences du pouls. — Mort subite.

Le nommé D.... Adolphe, âgé de 19 ans, entre le 26 octobre 1871 à l'hôpital Beaujon (service de M. Gübler). Il avait de la diarrhée depuis une douzaine de jours. Le soir même de son entrée on trouve un peu de douleur abdominale, quelques taches rosées douteuses quant à leur forme ; elles siégent surtout sur la poitrine, et ont en cet endroit l'aspect de plaques rouges un peu diffuses.

La toux est fréquente et ressemble un peu à ces toux à son creux d'une rougeole. — Douleurs de tête. — Fièvre très-intense.

Le lendemain 27, les plaques rouges ont disparu, il reste sur l'abdomen les taches douteuses qu'on apercevait déjà la veille. L'urine contient beaucoup d'albumine.

Les jours suivants, les phénomènes s'accentuent ; la diarrhée continue, des épistaxis surviennent. *Le 4 novembre*, surdité très-grande. La toux est toujours très-intense : il n'y a dans la poitrine que des phénomènes de bronchite.

Le 7 *novembre*, matin, il est tout à fait sourd. Le malade n'a pas l'air d'être trop abattu. La langue est toujours un peu sèche, ainsi que les lèvres saignantes.

Le cœur présente des intermittences assez prononcées de distance en distance. On n'entend pas de bruits anormaux dans la région cardiaque. On doit prendre le tracé le soir.

Le 7 *novembre, dans l'après-midi,* il demande son potage et un instant après le bassin, quand on vint reprendre le bassin, on le trouva *mort.* Les voisins n'avaient remarqué ni convulsions, ni suffocations : en un mot pas d'agonie.

Autopsie le 9 novembre. — Plaques de Peyer largement malades et ulcérées dans la partie inférieure de l'intestin grêle. Il existe plusieurs plaques simplement épaissies un peu plus haut. Psorentérie abondante.

En quelques points, vraisemblablement au niveau des follicules clos, on trouve de petites saillies semblables à celles que formeraient de petits furoncles à la surface de l'intestin. La saillie pour quelques-uns a près de 1/2 centimètre de hauteur. Quelques-uns sont blancs au sommet ; d'autres ont conservé la couleur de la muqueuse ; près d'eux se trouve une petite ulcération ronde qui ne correspond pas à une plaque de Peyer. Les ganglions mésentériques sont très-gros. Il n'y a pas de perforation intestinale.

Le *poumon* est sain sauf, sous la plèvre, de petites hémorrhagies tout à fait semblables à celles qui sont décrites dans les cas de suffocation. Elles tranchent très-vivement par leur couleur sur le fond à peu près rosé du poumon sain d'ailleurs.

Les voies aériennes étaient parfaitement libres. L'épiglotte présentait une ulcération sur son bord. Les deux cordes vocales inférieures étaient aussi ulcérées. Mais il n'y avait pas d'œdème. Il n'y avait pas non plus de corps étranger. Pas d'embolie dans les gros vaisseaux du poumon.

Cœur. Pas de caillots : le cœur flasque contient du sang liquide. Pas de lésions d'orifices.

Le muscle cardiaque est en dégénérescence graisseuse, manifeste à l'œil nu, confirmée par l'examen microscopique de mon collègue d'Espine. Le *cerveau* ne présente pas de lésions apparentes à l'œil nu.

Rien d'apparent du côté du bulbe et de la protubérance.

Voici un extrait d'une observation de Chomel qui montre un fait semblable.

« Le dixième jour, stupeur et prostration très-prononcées. Il y a eu une épistaxis et six selles liquides ; *pouls intermittent,* langue sèche et gercée, *insomnie.* A deux heures de l'après-midi, sans que rien pût faire préjuger une terminaison aussi rapide, le malade est pris tout à coup de convulsions générales. On se porte vers son lit, il était déjà mort. »

M. Dieulafoy[1] qui cite cette observation et les réflexions qui la suivent plaisante un peu légèrement Chomel parce qu'il a, selon la

[1] *De la mort subite dans la fièvre typhoïde.* — Paris, 1869.

mode de son temps, examiné l'estomac, et peut-être un peu parce qu'il n'a pas songé à la moindre action réflexe. Mais c'est un des grands mérites des observateurs de cette école de clinique d'avoir soigneusement, consciencieusement enregistré des faits dont ils n'ont peut-être pas entrevu toute la portée, mais qui peuvent être utilisés par les observateurs qui viennent après eux.

Louis,[1] après avoir cité plusieurs morts rapides dans lesquelles il y avait eu un peu de dyspnée, cite un cas de mort survenue le vingt-cinquième jour d'une fièvre typhoïde, subitement et sans la moindre dyspnée. Puis, quelques lignes plus loin, il remarque « que les cas *de mort subite* ou au moins très-rapide au milieu de la convalescence d'une maladie légère ou même dans un état de santé en apparence excellente, *ne sont pas très-rares.* »

Il est vrai qu'en se reportant à son mémoire sur les morts subites et imprévues, on voit qu'il n'a pas non plus complètement analysé les cas auxquels il avait affaire et qu'il a groupé à tort des cas dissemblables. Mais il eut du moins le mérite d'avoir appelé l'attention sur ce point. Quant aux intermittences et aux irrégularités du pouls, il n'en parle pas à propos de ces malades; il en a trouvé chez six sujets atteints de fièvre typhoïde.

Fritz[2] cite une observation de Banckard, de Kaisersberg : « Fièvre typhoïde ataxique, dysphagie, contraction tétanique des membres, accès d'étouffement et enfin mort dans une syncope pendant que le malade prenait une douche. » Il ne parle d'ailleurs pas dans sa thèse de troubles d'innervation cardiaque. Enfin, nous avons été heureux de trouver dans la thèse de notre ami Carville[3] le rappel d'une note présentée en son nom à la Société médicale des hôpitaux par M. Hérard.

« Chez une fille de dix-neuf ans, dès le seizième jour d'un fièvre typhoïde, on observa un léger abaissement de la température, puis une intermittence marquée dans les battements du pouls. Le dix-neuvième jour à midi, la température était de 39°, 6 depuis la veille et le pouls à 75. La malade succomba au moment où on allait lui donner à boire sur sa demande ; à l'autopsie, les plaques de Peyer étaient tuméfiées, non ulcérées, pas d'hémorrhagie intestinale, pas de lésion cardiaque visible à l'œil nu. Caillots récents. Rien au cerveau. »

[1] *De la fièvre typhoïde.*
[2] *Loc. cit.*
[3] Thèse de Paris, *De la température dans la fièvre typhoïde*, 1872.

Carville pense qu'il s'agit d'une myocardite comme celles que Hayem [1] a si bien décrites. Il est probable, en effet, qu'elle existait ici comme elle existait dans deux observations de Liouville citées par le même auteur. Je n'ai, je dois le dire, aucune raison suffisante pour repousser cette manière de voir qui consiste à attribuer la mort à la myocardite. Mais il me semble qu'on pourrait admettre avec encore plus de raison le mode de terminaison que je vais présenter.

La fièvre typhoïde, avons-nous dit, altère en même temps tous les organes et tous les tissus. Le tissu cérébral lui-même, lui surtout, nous montre toute une série de symptômes qui prouvent qu'il est atteint d'une de ces profondes lésions de nutrition dont la condition anatomique nous échappe jusqu'à ce jour, mais qui sont incontestables.

N'est-ce pas dans cet ordre d'idées que nous devons rechercher la pathogénie de ce qui se passe du côté du cœur. Le cœur est directement atteint, cela est certain; il est possible que les fibres altérées refusent d'obéir, mais il se pourrait bien aussi que le cerveau refusât de commander; et quand nous disons le cerveau nous voulons dire le centre encéphalo-rachidien. Les intermittences du pouls sont un trouble de l'innervation cardiaque, c'est dans le système nerveux qu'il faut en chercher la raison. Ce qui semblerait prouver que nous sommes dans le vrai, c'est cette influence du sommeil sur la cessation ou la diminution de nombre des intermittences, à supposer toutefois, comme nous le pensons, que des observations ultérieures viennent démontrer la réalité des faits que nous avons donnés comme la base de ce chapitre.

En effet, s'il est vrai que le sommeil soit la cause d'une plus grande régularité dans les mouvements du cœur, ce n'est pas au repos de cet organe qu'on pourra attribuer cette modification, puisque la période de repos du cœur se trouve entre une contraction et celle qui la suit, et non pas entre une partie de la journée et l'autre partie.

Il n'en est pas de même pour le système nevreux. Encore très-affaibli, rapidement fatigué par le moindre exercice pendant la convalescence, il se répare d'autant mieux qu'il subit moins les excitations de l'extérieur, et quoique Marshall-Hall ait dit en se fondant sur la continuité des phénomènes de circulation et de respiration que

---

[1] *Arch. de physiologie*

le vrai système spinal ne dormait jamais[1], c'est cependant bien pour ce système un état de repos ou de sommeil comme on voudra, que cet état pendant lequel, n'ayant plus à transmettre d'impressions sensitives ou d'ordres moteurs, il n'a plus qu'à diriger la respiration, la circulation et avec elle les actes nutritifs.

Pendant la veille ce peut bien être par des actions réflexes, si l'on veut, que les intermittences du cœur seront prolongées et transformées en véritables syncopes : mais point n'est besoin d'aller en chercher l'origine dans un lombric ou dans une ulcération cicatrisée. C'est, en effet, presque toujours à la suite d'un mouvement nouveau pour le malade, comme pour descendre de son lit, de s'asseoir pour manger, ou de marcher trop longtemps, c'est alors que se produit souvent la mort subite. Une des causes prédisposantes de la production de cet accident, propre à faire réserver le pronostic sera donc l'existence de ces intermittences du pouls préalablement constatées.

Une autre cause qui peut devenir efficiente, est peut-être l'anémie cérébrale qui, déjà très-nette, augmente encore sous l'influence d'un de ces changements de position que nous avons vu quelquefois amener la syncope (chap. III). Le sommeil devra donc être recherché comme un bienfait, puisqu'il apporte en même temps le repos et la réparation.

Nous terminerons le chapitre par les conclusions suivantes.

Le sommeil, outre le repos qu'il procure au cerveau comme aux autres organes, facilite encore sa nutrition.

En dehors des nombreux faits qui le prouvent, il existe un ordre de preuves indirectes tirées de certains états pathologiques, en particulier de ceux qui s'accompagnent d'une dénutrition rapide, par exemple la fièvre typhoïde.

---

[1] Cette continuité d'action a beaucoup exercé l'imagination de certains auteurs. Un d'eux, plus fécond, a fait une invention pour laquelle je ne sache pas qu'il se soit élevé de discussions de priorité. Je citerai le passage tout entier en raison de son étrangeté :

« Quoique nous n'ayons aucune donnée expérimentale positive à faire valoir, nous sommes néanmoins porté à admettre que ces arcs spinaux diastaltiques sont, au moment où le cerveau est en période de collapsus, le *siége d'une modification fonctionnelle* sui generis : qu'il y a alors des foyers nouveaux d'innervation centrale qui s'éveillent, et que c'est à l'aide d'une alternance régulière de ces nouveaux foyers d'incitation, qui fonctionnent à tour de rôle, *les uns la nuit, et les autres le jour*, que la continuité est obtenue pour les mouvements respiratoires et cardiaques. C'est ainsi que les lois d'intermittence fonctionnelle se trouveraient recevoir ici une nouvelle application. » (Luys, *loc. cit.*)

Dans cette maladie, on peut constater des troubles de l'innervation cardiaque qui sont manifestement influencés par la veille et par le sommeil ; augmentant lorsque la veille est longue, fatigante et pouvant dégénérer en syncope ; diminuant de fréquence et d'intensité, lorsque le sommeil est calme et prolongé.

Ces modifications de l'innervation cardiaque nous semblent devoir être rapportées aux modifications dans la nutrition du système nerveux central.

———

En résumé, de ce travail, nous pouvons tirer les conclusions suivantes :

L'état de la circulation du sang dans le cerveau pendant le sommeil peut être recherché par des moyens directs et des moyens indirects.

Les moyens directs ou expériences faites au moyen de la trépanation, qui avaient amené Durham, et après lui Hammond, à conclure en faveur de l'anémie du cerveau pendant le repos de cet organe, ne nous semblent pas avoir été suffisamment débarrassées des causes d'erreur.

Ce n'est jamais ou presque jamais le sommeil normal qui a été étudié dans ces conditions, mais un sommeil produit par des médicaments et en particulier par le chloroforme et l'opium. En prenant à part chacune de ces substances, on voit que les auteurs pères de la doctrine ne sont pas d'accord. D'ailleurs, ni les uns ni les autres n'ont éliminé avec assez de soin une des principales causes d'erreur provenant des troubles apportés dans la circulation cérébrale par la gêne de la respiration.

Parmi les moyens indirects qui peuvent contribuer à l'étude de ce problème, il en est un indiqué par M. Gübler, qui consiste à rechercher dans l'état du globe oculaire quelles sont les modifications de la circulation.

Or, il est certain que la pupille est à l'état de contraction pendant le sommeil, que la conjonctive bulbaire est congestionnée, que ces phénomènes oculo-pupillaires coïncident d'ailleurs plus fréquemment avec un état congestif des centres nerveux ; que, au contraire, la dilatation pupillaire est un des signes d'une anémie relative, ce qui nous met entre les mains un argument puissant contre la théorie de l'anémie. Nous avons vu ensuite que l'assoupissement et le sommeil prolongé se rencontraient souvent avec un état congestif de l'encéphale ; que l'anémie cérébrale quoique n'étant pas incompatible avec un sommeil régulier détermine le plus ordinairement des phénomènes tout autres ; qu'il est absolument inexact de dire avec Hammond que « la diminution du sang dans le cerveau péut, quelle qu'en soit la cause, et cela sans exception, amener le sommeil. »

Nous croyons, au contraire, que, si le sommeil peut se rencontrer avec une forte congestion ou avec une anémie même considérable, il n'est vraiment réparateur que lorsque une légère augmentation de l'afflux sanguin permet aux échanges nutritifs de se faire avec activité.

C'est, en effet, dans ce fait de la nutrition du cerveau bien plus que dans une plus ou moins grande vascularité qu'est le grand intérêt de cette question du sommeil.

Nous pensons avoir apporté quelques faits utiles à la démonstration de cette manière de voir en avançant que, dans les cas d'une dénutrition profonde et rapide, comme, par exemple, dans la fièvre typhoïde, le sommeil avait une influence considérable sur la nutrition des centres nerveux, nutrition dont la manif station se prouvait en particulier par la régularisation de l'innervation cardiaque.

Nous savons bien que nous n'avons fait qu'effleurer ces divers points. Nous avons indiqué nous-mêmes de nombreuses lacunes, mais nous pensons avoir eu raison de ne gravir cette grande question du sommeil qu'avec des détours et par les chemins les plus praticables, sachant d'ailleurs qu'en montant moins vite on tombe de moins haut.

FIN.